高校生から始める

# Jw_cad
# 土木製図入門

▼
**Jw_cad
8.10b
対応**

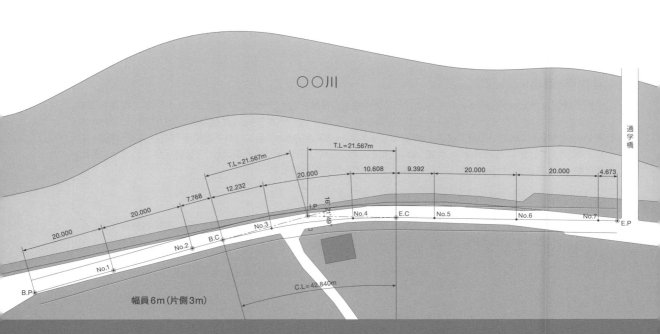

○○川

通学橋

T.L＝21.567m

T.L＝21.567m

20.000

10.608　9.392　20.000　20.000　4.673

7.768　12.232

16°21′49″

20.000

I.P　No.4　E.C　No.5　No.6　No.7　E.P

20.000

No.3

No.2　B.C

No.1

B.P

幅員6m（片側3m）

C.L＝42.840m

## 特別付録CD-ROM使用上のご注意

本書の特別付録CD-ROMをご利用になる前には、以下を必ずお読みください。

**● 個人の責任においてご使用ください**

特別付録CD-ROMには、本書で解説しているJw_cadのプログラムインストール用ファイルおよび著者オリジナルのサンプル図面ファイルなどの関連データが収録されています（これらのインストール方法についてはp.20〜25を参照）。収録されているデータを使用したことによるいかなる損害についても、当社ならびに著作権者・データの提供者は一切の責任を負いかねます。個人の責任において使用してください。また、Jw_cadのサポートは当社ならびに著作権者・データの提供者は一切行っておりません。したがって、ご利用は個人の責任の範囲で行ってください。

**● 操作方法に関する質問は受け付けておりません**

使用するコンピュータのハードウェア・ソフトウェアの環境によっては、動作環境を満たしていても動作しない、またはインストールできない場合がございます。当社ならびに著作権者・データの提供者は、インストールや動作の不具合などのご質問は受け付けておりません。なお、本書の内容に関する質問にかぎり、p.239の本書専用のFAX質問シートにてお受けいたします（詳細はp.239をご覧ください）。

**● 開封後は返本・返金には応じられません**

特別付録CD-ROMのパッケージを開封後は、特別付録CD-ROMに収録されているデータの不具合などの理由による返本・返金はいたしません。ただし、本の乱丁・落丁の場合はこの限りではありません。また、本書の購入時においての、あきらかな特別付録CD-ROMの物理的破損によるデータの読み取り不良は、特別付録CD-ROMを交換いたします。問合せ先は本書の巻末をご覧ください。

## 著作権・商標について

特別付録CD-ROMに収録されたデータは、すべて著作権上の保護を受けています。特別付録CD-ROMは、本書をご購入いただいた方が、ご自分のコンピュータ上でご使用ください。ネットワークなどを通して複数人により使用することはできません。特別付録CD-ROMに収録されているデータは、本書に定められた目的以外での使用・複製・変更・譲渡・貸与することを禁じます。Windowsは、米国Microsoft Corporationの米国および他の国における登録商標です。また、本書に掲載された製品名、会社名などは、一般に各社の商標または登録商標です。

## Jw_cadの収録および操作画面の掲載について

Jw_cadの特別付録CD-ROMへの収録および操作画面などの本書への掲載につきましては、Jw_cadの著作権者である清水治郎氏と田中善文氏の許諾をいただいております。

カバー・表紙デザイン：会津 勝久 ／ 編集制作：鈴木 健二（中央編集舎）／ 印刷所：シナノ書籍印刷

# はじめに

　長年にわたり工業高校建築科の教師をしていましたが、1年間だけ土木科を教えたことがあります。その間、測量やCAD製図などの授業を担当しました。土木の世界でCADソフトといえば「AutoCAD」が主流ですが、勤務校で使われていたCADソフトは「Jw_cad」（Windows用の2次元CAD。フリーソフト）でした。そこで、建築製図と同じ要領で土木製図も教えるつもりでしたが、いろいろ勉強していくうちに、建築と土木の製図ルールが微妙に違っていることに気が付きました。たとえば、寸法端部記号の表現です。建築製図では「──●」で表現するところを、土木製図では「──▶（三角塗りつぶし）」で表現するのが標準です。これまでJw_cadでは、土木製図の寸法表現で使う「──▶（三角塗りつぶし）」には対応していませんでした。そのため、前著ではフリーソフトとして提供されている外部変形ソフトを使ってそれを補う解説を行っていました。その後、Jw_cadではバージョン8.03より「──▶（三角塗りつぶし）」ができる機能が搭載されました。今回の本書で使用しているバージョン「8.10 b」でもその機能を利用することができます。今回の改訂は、その部分の解説を大幅に書き換えての出版になります。

　本書は「高校生」と銘打っていますが、それは「初めての高校生でも理解できる」内容であるという意味です。高校生以外の学生や一般の初心者の方でも、授業やCAD講習会などの限りある時間で、CADによる土木図面の作図方法が習得できるよう、コンパクトな内容にまとめてあります。

　「第1章　土木製図の基本」では、土木製図を作図するうえで必要となる基本的な知識やルールについて説明します。また、本書で作図する課題の図面を紹介します。

　「第2章　Jw_cadを使う準備」では、Jw_cadのインストールをはじめ、起動・終了の操作、画面各部の機能、ツールバーの設定、図面の保存、基本設定の方法などを解説しています。

　「第3章　練習ドリルによる作図練習」では、初心者のために、土木製図に必要なJw_cadの基本作図操作を練習ドリルを使って作図練習をします。

　「第4章　土木製図の準備　図面枠と表題欄を作図」では、図面を作図する準備として、図面の用紙サイズ、線属性（線の太さや種類）、レイヤ、縮尺の設定などを行ったうえ、図面枠と表題欄を作図しています。

　「第5章　土木製図を作図〈課題1・2〉」では、既製コンクリート製品などの断面図の作図方法を学びます。課題1では「U形側溝」と「L形側溝」を作図します。また、課題2では現場で施工する「逆T形擁壁」を鉄筋の配筋も含めて作図します。

　「第6章　測量図を作図〈課題3・4〉」では、測量データを図面化する方法を学びます。課題3では、あらかじめ測量した閉合トラバースの座標データをもとに、「座標ファイル」コマンドを使って図面上に閉合トラバースを作図します。課題4では、開放トラバースの座標データをもとに、同様の方法で、既存道路に新しく計画道路を設置するための平面図、縦断面図、横断面図（土量計算）を作図します。

　本書の内容を理解し、土木製図の作図要領を覚えることで、実務でも使える能力が身につき、1人でも多くの方が土木技術者に育ち、社会でご活躍していただけるようになることを望みます。皆さん、頑張ってください。

2020年7月　櫻井 良明

※ 本書は2017年1月にムックとして刊行されたものを一部内容を改訂して、新たに書籍として刊行されたものです。

# CONTENTS

| 第6章 | 測量図を作図 | 183 |
|---|---|---|

## 特別付録CD-ROM「Jw_cad土木製図入門」について

● **特別付録CD-ROM**（本文では「付録CD」と略称）**「Jw_cad土木製図入門」の内容**

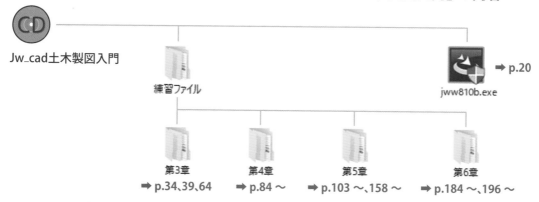

### ● Jw_cadのバージョンについて

本書は、Windows用のフリーソフト「Jw_cadバージョン8.10b」を使い、土木製図の作図練習をする解説書です。特別付録CD-ROMには、「Jw_cadバージョン8.10b」を簡単にインストールするための自動実行ファイル「jww810b.exe」を収録しました。p.20の内容に従ってインストールしてお使いください。

### ● Jw_cadのアンインストールについて

「Jw_cadバージョン7.11」がインストールされているパソコンに「Jw_cadバージョン8.10b」をインストールしたり、逆に「Jw_cadバージョン8.10b」がインストールされているパソコンに「Jw_cadバージョン7.11」をインストールしたりと、現在使っているJw_cadと異なるバージョンのJw_cadをインストールする場合は、新たなJw_cadをインストールする前に、すでにインストールされているJw_cadをアンインストールすることを推奨します。アンインストールの方法は、以下のとおりです。

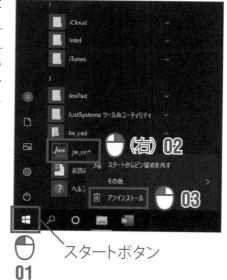

**01** Windowsの画面左下隅のスタートボタンを🖱（左クリック）。

**02** スタートメニューに表示される「Jw_cad」フォルダにある「jw_cad」アイコンを🖱（右クリック）。

**03** 開いたメニューから「アンインストール」を🖱（左クリック）。

あとは、ダイアログに表示される指示に従います。

---

| マウス操作の表記凡例 | | |
|---|---|---|
| Jw_cadのマウス操作は独特の仕様になっています。以降、それぞれの操作については右に示すマークで表記しています。 | 🖱 | ：左クリック。左ボタンを1回クリック |
| | 🖱(右) | ：右クリック。右ボタンを1回クリック |
| | 🖱🖱 | ：左ダブルクリック。左ボタンを2回クリック |
| | 🖱🖱(右) | ：右ダブルクリック。右ボタンを2回クリック |
| | 🖱⇒ | ：左ドラッグ。左ボタンを押した状態でマウスを移動 |
| | 🖱⇒(右ドラッグ) | ：右ドラッグ。右ボタンを押した状態でマウスを移動 |
| | 🖱⇒(両ドラッグ) | ：両ドラッグ。左右両方のボタンを押した状態でマウスを移動 |

# 第1章

# 土木製図の基本

土木図面をCADで作図するうえで必要な、基本的な知識について説明します。

# 土木図面の種類と本書で作図する課題図面

図面は設計者が考えた設計の意図や内容を相手に伝えるための手段としてかかれるものです。土木図面は、その目的に応じて、「案内図」「説明図」「構造図」「詳細図」などに大別されます。

## 土木図面の種類と本書で作図する課題図面

土木図面の目的と機能を大きく分類して、表に示します。

土木図面を大別すると、下表に示すとおり、案内図・説明図・構造図・詳細図の4分類となり、それぞれ図面例に示す図面などがあります。本書では、各章で以下の図面を作図します（完成例 ➡ 次ページから）。

第5章　土木製図〈課題1〉：構造図 ➡ 次ページ
　　　　土木製図〈課題2〉：構造図 ➡ p.12
第6章　土木製図（測量図）〈課題3〉：説明図 ➡ p.13
　　　　土木製図（測量図）〈課題4〉：説明図 ➡ p.14 ～ 15

| 分類名 | 目　的 | 図面例 | 含まれる内容など | 摘　要 |
|---|---|---|---|---|
| 案内図 | 工事個所を特定し、既存の施設との関係を明示する図面。公共座標の関連を示すこともある | 位置図 一般図 | 工事個所、始点・終点、工事要素の名称など | 基図に国土地理院発行の地形図（1/2.5万図、1/5万図）を使用する場合が多い |
| 説明図 | 工事区域内で使用される座標、測点系による工事の全体の形状、含まれる工種の全貌を示す図面 | 一般平面図 縦断（面）図 横断（面）図 応力図 | 本体構造物、地形、水位・潮位、土質・地質、主要な競合する既存工作物など | 通常、工事数量の算出には使用されない |
| 構造図 | 個別の構造物の形状、組合せ、寸法、材質、仕上げ精度などを示す図面 | ○○構造図 ○○工 標準断面図 単線結線図 | 仕上りの形状・寸法または材料・部品の組合せなど | この下位に詳細図がない場合、数量算出の根拠となる |
| 詳細図 | 単一の部材の形状、寸法、数量を示したり、またはその組合せで複数の部材を表現する図面 | ○○詳細図 配筋図 細部構造図 土積図 | 材料（切土、盛土）単体の形状、寸法、材質、規格、重量（数量集計表を含む） | 数量算出の根拠となる。仕上りの向き、形状とは一致しないことが多い |

土木図面の分類　目的および内容

本書で作図する図面の完成例（➡ 〜 p.15）

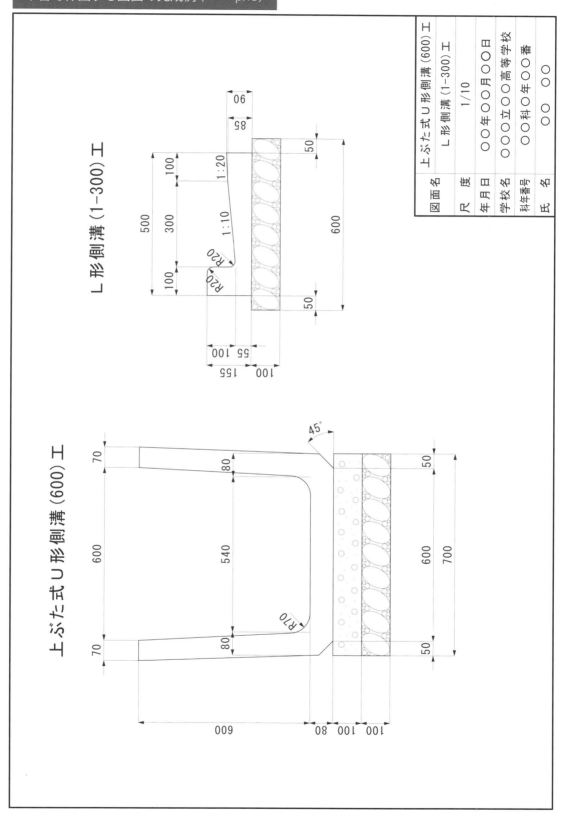

| 図面名 | 上ぶた式U形側溝（600）工 L形側溝（1-300）工 | | | |
|---|---|---|---|---|
| 尺　度 | 1/10 | | | |
| 年月日 | ○○年○○月○○日 | | | |
| 学校名 | ○○○立○○○高等学校 | | | |
| 科年番号 | ○○科○年○○番 | | | |
| 氏　名 | ○○ ○○ | | | |

〈課題1〉上ぶた式U形側溝（600）工　L形側溝（1-300）工の完成例　　※ 第5章で作図

第1章 土木製図の基本

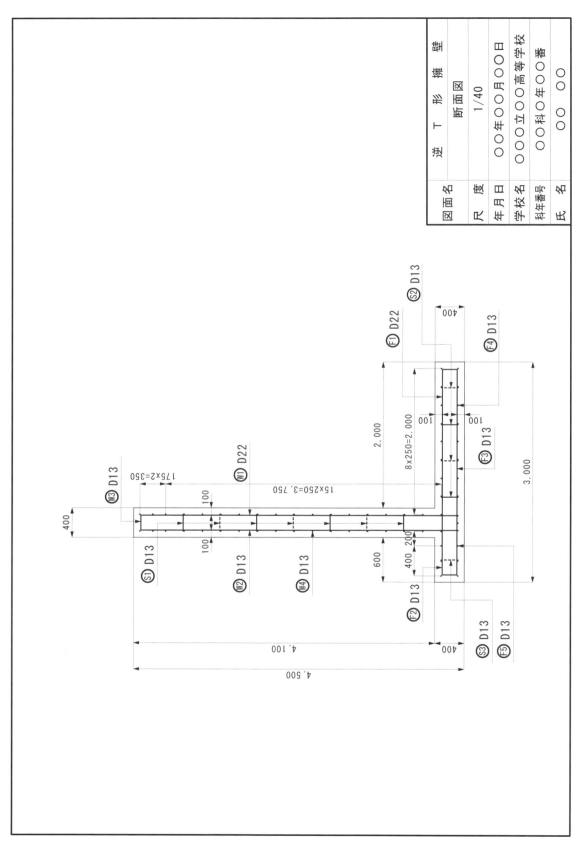

| 図面名 | 逆 T 形 擁 壁 |
|---|---|
| 尺度 | 断面図　1/40 |
| 年月日 | ○○年○○月○○日 |
| 学校名 | ○○○立○○高等学校 |
| 科年番号 | ○○科○○年○○番 |
| 氏名 | ○○　○○ |

〈課題2〉逆T形擁壁　断面図の完成例　　※ 第5章で作図

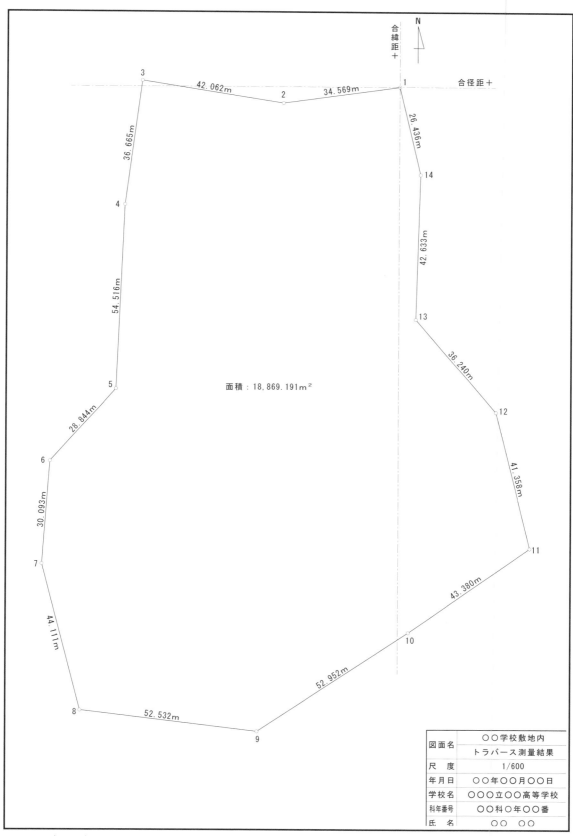

面積：18,869.191m²

| 図面名 | ○○学校敷地内 |
| --- | --- |
| | トラバース測量結果 |
| 尺　度 | 1/600 |
| 年月日 | ○○年○○月○○日 |
| 学校名 | ○○○立○○高等学校 |
| 科年番号 | ○○科○年○○番 |
| 氏　名 | ○○　○○ |

〈課題3〉○○学校敷地内　トラバース測量結果（閉合トラバース）の完成例　　※ 第6章で作図

第1章
土木製図の基本

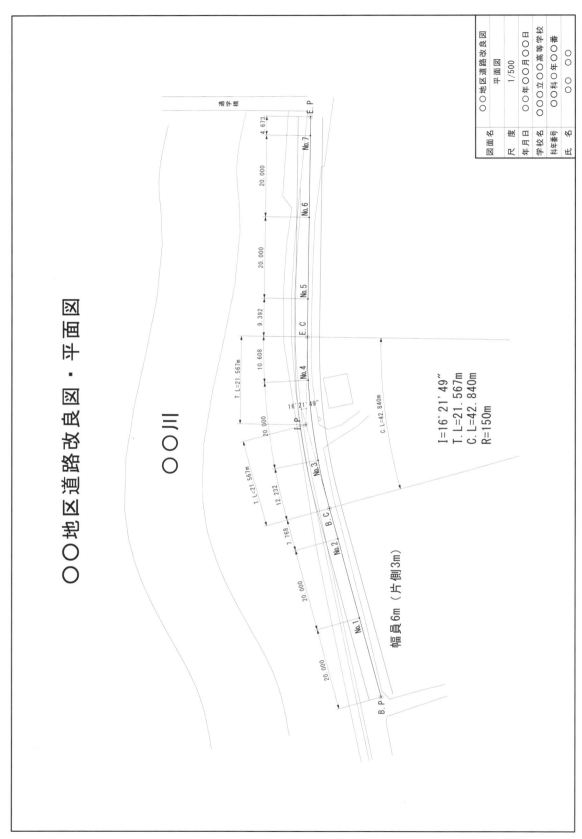

○○地区道路改良図・平面図

〈課題4-1〉○○地区道路改良図　平面図（開放トラバース）の完成例　　※ 第6章で作図

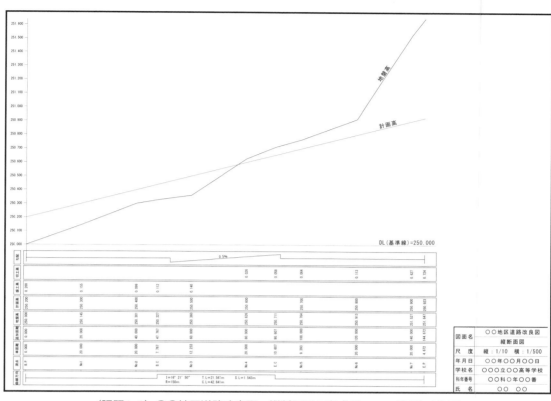

〈課題4-2〉 ○○地区道路改良図　縦断面図の完成例　　※ 第6章で作図

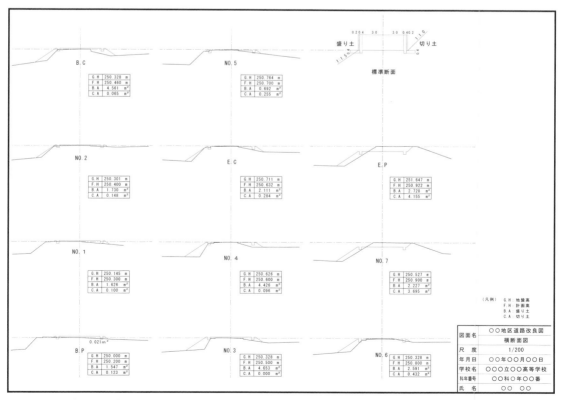

〈課題4-3〉 ○○地区道路改良図　横断面図（土量計算）の完成例　　※ 第6章で作図

第1章

土木製図の基本

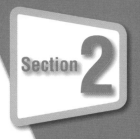

## Section 2 土木製図の基礎知識

これから土木図面を作図するうえで、最低限知っておく必要がある項目について説明します。

### 土木製図に使う用紙サイズ

土木図面の製図で、作図に使う用紙について説明します。

①土木図面は、一般的にJIS(日本工業規格)で定められているA系列の用紙サイズで作図します。

| 規格名称 | 用紙サイズ (寸法：横mm×縦mm) |
|---|---|
| A0 | 841 × 1,189 |
| A1 | 594 × 841 |
| A2 | 420 × 594 |
| A3 | 297 × 420 |
| A4 | 210 × 297 |

用紙サイズの規格

②用紙の縦横比は1：$\sqrt{2}$ の関係にあり、A0判の1/2がA1判、A1判の1/2がA2判、A2判の1/2がA3判、A3判の1/2がA4判となっています。A0判が面積1㎡で、他のサイズの基準になっています。

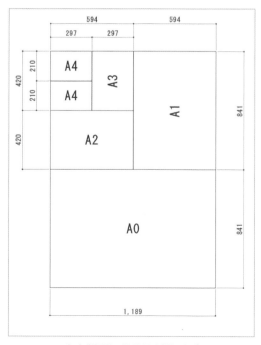

土木製図に使う用紙サイズ

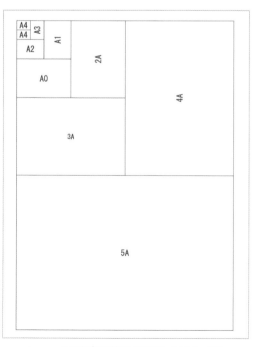

Jw_cadで設定可能な用紙サイズ（一部）

## 土木製図に使う線

土木図面の製図で、作図に使う線について説明します。

①製図に用いる線は、下表のように、用途に応じて「太さ」と「種類」を使い分け、メリハリの利いた表現にする必要があります。

②線の太さは、細い順から、「細線」「太線」「極太線」「超極太線」があります。

「極細線」は、下書するときの線として用い、線の交差部などがわかるようにするのが目的で、CADにおいては出力の際、印刷されません。

③線の種類は、「実線」「破線」「一点鎖線」「二点鎖線」などがあります。

| 線の太さ | 太さの比 | 線の種類 | 作図イメージ | 図面での用途 |
|---|---|---|---|---|
| 細　　線 | 1 | 実　　線 | ——————— | ハッチング、寸法線、寸法補助線、引出線など |
| | | 破　　線 | – – – – – – | 隠れ線など |
| | | 一点鎖線 | —-—-—-—- | 中心線、切断線、基準線、対称中心線、破断線など |
| | | 二点鎖線 | —--—--—-- | 想像線、重心線、隣接する物体の外形線 |
| 太　　線 | 2 | 実　　線 | ——————— | 外形線、断面線など |
| 極　太　線 | 4 | 実　　線 | ▬▬▬▬▬▬ | 鉄筋、薄肉部を単線で明示する線など |
| | | 破　　線 | ▬ ▬ ▬ ▬ ▬ | 平面図および立面図において、上層および下層を同一の断面で表す場合の下層の鉄筋 |
| | | 一点鎖線 | ▬▬-▬▬-▬▬ | 測線および任意の基準線など |
| 極　細　線 | | 実　　線 | ——————— | 下書線、補助線 |

土木製図に使う線

## 土木製図に使う文字

土木図面の製図で、作図に使う文字について説明します。

①製図に用いる文字は、「漢字」「ひらがな」「カタカナ」「数字」「英字」などがあります。

②文字の大きさは、2〜3種類くらいに統一して記入します。

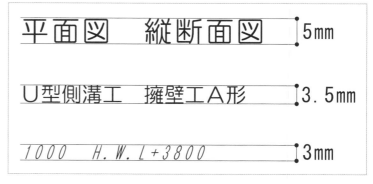

土木製図に使う文字

高校生から始めるJw_cad 土木製図入門〔Jw_cad 8.10b対応〕

第1章

土木製図の基本

## 土木製図に使う尺度

土木図面の製図で、作図に使う尺度について説明します。

①対象物の実際の長さに対する図面に示した対象物の長さの比を「尺度（スケール）」と呼びます。

②実物と同じ大きさで表現する場合、「原寸」または「現尺」と呼び、「S=1：1」「S=1/1」のように表します。

③実物より大きく表現する場合、「倍尺」と呼び、「S=2：1」「S=2/1」のように表します。

④通常は実物よりも小さく表現するので、この場合、「縮尺」と呼び、「S=1：100」「S=1/100」（100分の1）のように表します。

「S=1：〇」「S=1/〇」において、〇の整数値が小さいほど、特定の部分を詳細に表現することができ、〇の整数値が大きいほど広い範囲まで表現することができます。

土木製図のおもな図面に用いられる尺度は右表のとおりです（推奨尺度は「JIS Z8314：1998」より抜粋転載）。

| 類別 | 推奨尺度 | | | | |
|------|------|------|------|------|------|
| 倍尺 | 50：1 | 20：1 | 10：1 | 5：1 | 2：1 |
| 現尺 | 1：1 | | | | |
| 縮尺 | 1：2 | 1：5 | 1：10 | 1：20 | 1：50 |
| | 1：100 | 1：200 | 1：500 | 1：1000 | |
| | 1：2000 | 1：5000 | 1：10000 | | |

土木製図に使う尺度

## 土木製図に使う寸法

土木図面の製図で、作図に使う寸法について説明します。

①寸法は、図のように、「寸法線」「寸法補助線」「端末記号」「寸法値」で構成されています。

②「寸法値」の単位は、原則としてミリメートル（mm）とし、単位記号を付けません。しかし、ミリメートル以外の単位を使う場合は、末尾に単位記号を付けます。

③「寸法線」「寸法補助線」は「細線の実線」でかきます。

④「端末記号」は、図のように表示します。土木図面では、端末記号に黒塗り矢印（—➤）を使うのが一般的です。

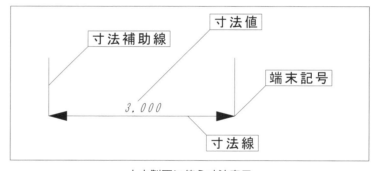

土木製図に使う寸法表示

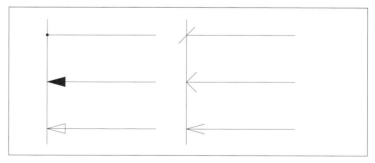

土木製図に使う端末（寸法端部）記号

# 第2章

# Jw_cadを使う準備

付録CDに収録したJw_cad 8.10bをインストールし、本書で使うファイルである練習ファイルをコピーします。Jw_cadを本書での土木製図に合わせた設定に変え、Jw_cadを使う準備を整えます。

## Section 1

# Jw_cadをインストール、本書で使うファイルをコピー

付録CDに収録したJw_cadバージョン8.10bをインストールし、本書で使うファイルであるJw_cad用サンプル図面ファイルをコピーします。

---

### Jw_cadをインストール

付録CDに収録したJw_cadバージョン8.10bを、Jw_cadのインストールプログラムに従って、既定位置である「C：」ドライブの「jww」フォルダにインストールします。

**01** 付録CDをパソコンのDVD/CDドライブにセットする。Windows付属のエクスプローラーが起動して、デスクトップに「Jw_cad土木製図入門」ウィンドウが開く（➡下のコラム）。

**02** 「jww810b（.exe）」アイコンを🖱🖱（左ダブルクリック）して実行する。

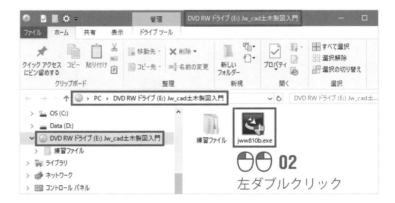

---

#### エクスプローラーを手動で起動する

エクスプローラーが自動で起動せず、「Jw_cad土木製図入門」ウィンドウが開かない場合などは、エクスプローラーを手動で起動します。エクスプローラーを起動する方法はWindowsのバージョンによっていくつかありますが、画面左下隅のスタートボタンを🖱（右クリック）して開くスタートメニューの「エクスプローラー」を🖱（左クリック）してください。

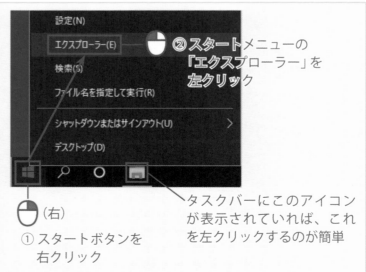

②スタートメニューの「エクスプローラー」を左クリック

🖱（右）
① スタートボタンを右クリック

タスクバーにこのアイコンが表示されていれば、これを左クリックするのが簡単

---

**注意** Jw_cadバージョン8.10bを使えるパソコンの仕様には条件がありますが、市販されている一般的なWindows10パソコンで2ボタンマウス（ホイールボタン付きの3ボタンマウスを推奨）を使用するかぎり、本書の解説内容の範囲で正常に動作することを確認しています。

**03** 「Jw_cad用 のInstallShieldウィ
ザードへようこそ」ダイアログ
が開くので、「次へ」ボタンを
🖱。

**04** ダイアログが切り替わるので、
使用許諾契約書をよく読み、
同意したら「使用許諾契約の条
項に同意します」を🖱して黒丸
を付ける（◉の状態にする）。

**05** 「次へ」ボタンを🖱する。

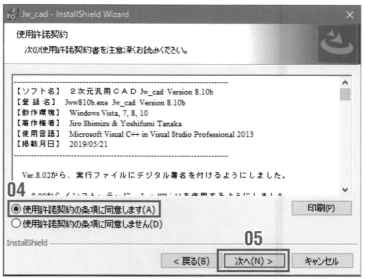

**06** ダイアログが切り替わるので、
「Jw_cadのインストール先：
C：¥JWW ¥」の表示を確認し
たら、「次へ」ボタンを🖱。

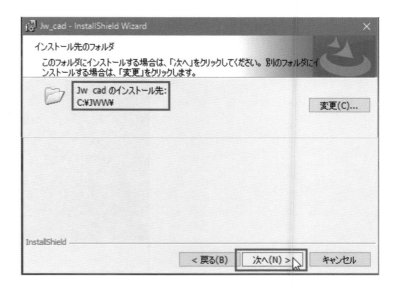

**07** ダイアログが切り替わるので、「現在の設定」の「インストール先フォルダ：C：¥JWW¥」の表示を確認したら、「インストール」ボタンを🖱。

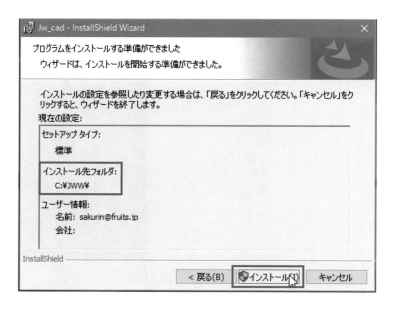

**08** インストール実行中のダイアログが表示されるので、少し待つ（一般的な性能のパソコンならば数十秒程度）。

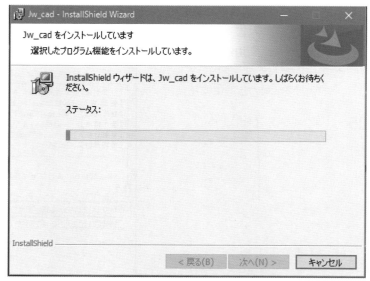

**09** 完了するとダイアログが切り替わるので、「完了」ボタンを🖱。

**10** エクスプローラーを起動（➡ p.20）して、「C：」ドライブに「jww」フォルダがインストールされたことを確認する。

情報 「C：」ドライブという名称は、パソコン機種やWindowsバージョンによって異なります。

## Jw_cad起動用のショートカットアイコンを作る

インストールしたJw_cadを起動する方法にはいくつかありますが、デスクトップに起動用ショートカットアイコンを作っておくと便利です。

**01** 画面左下隅のスタートボタンを🖱して開くスタートメニューに「Jw_cad」があるので、これを🖱（右）（「Jw_cad」がない場合 ➡下のコラム）。

情報 スタートメニューの「Jw_cad」を🖱すると、Jw_cadが起動します（➡p.26）。

**02** メニューが開くので、「その他」を🖱し（マウスポインタを合わせるだけでもよい）、さらに開くメニューで「ファイルの場所を開く」を🖱。

スタートボタン

第2章 Jw_cadを使う準備

---

スタートメニューの「Jw_cad」を探す
Windows 10以前のバージョンによってはスタートメニューに「Jw_cad」が表示されません。その場合は、スタートメニューの「すべてのアプリ」（すべてのプログラム）を🖱し、開くメニューの「Jw_cad」（フォルダ）を🖱すれば表示されます。

**03** 「Jw_cad」ウィンドウが開くので、「jw_cad」アイコンを🖱(右)し、開くメニューの「送る」を🖱し（マウスポインタを合わせるだけでもよい）、さらに開くメニューの「デスクトップ（ショートカットを作成）」を🖱。

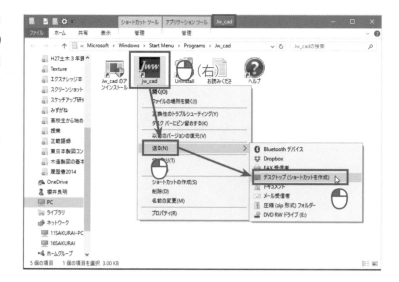

**04** デスクトップにJw_cad起動用のショートカットアイコンが作られたことを確認する。

**情報** この「ショートカットアイコンを🖱🖱すると、Jw_cadが起動します（➡p.26）。

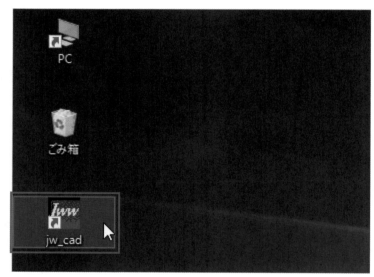

**05** ウィンドウ右上隅の ⊠（閉じるボタンを🖱して、「Jw_cad」ウィンドウも閉じる。

## 本書で使うファイルをコピー

付録CDに収録した本書で使うファイルであるJw_cad用のサンプル図面ファイル（「練習ファイル」フォルダに収録）をコピーします。コピー先は任意ですが、Jw_cadをインストールした「C：」ドライブの「jww」フォルダが一般的です。

**01** 再び「Jw_cad土木製図入門」ウィンドウを開き（➡p.20）、「練習ファイル」フォルダのアイコンを🖱⇒（左ドラッグ）して、Jw_cadをインストールした「C：」ドライブの「jww」フォルダにコピーする。

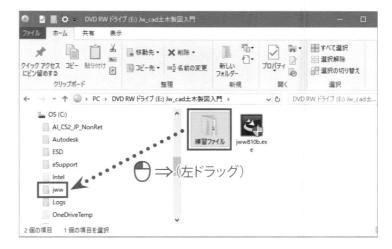

**02** 図のように、「jww」フォルダの中に「練習ファイル」フォルダがコピーされる。
「練習ファイル」フォルダを👀すると、「第3章」「第4章」「第5章」「第6章」の各フォルダを確認できる（➡p.8）。

なお、「練習ファイル」フォルダは、Dドライブや外付けハードディスクなど、別の場所に保存することもできます。個人の判断でわかりやすい場所に保存してください。

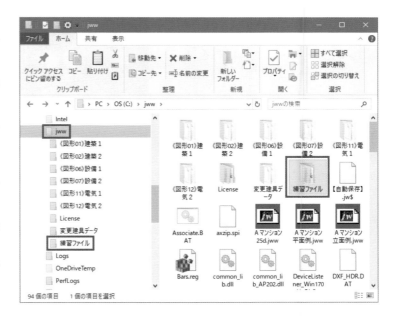

# Jw_cadと図面ファイルの基本操作、基本設定を変更

Section **2**

Jw_cadの起動・終了、Jw_cadの画面構成、本書の解説内容に沿ってJw_cadを使うためのツールバーの追加および基本設定の変更、図面ファイルの扱い（図面を開いたり閉じたり保存したりなど）について解説します。

## Jw_cadを起動

Section 1でデスクトップに作ったJw_cad起動用ショートカットアイコンを使いJw_cadを起動します。

**01** デスクトップにあるJw_cadの起動用ショートカットアイコン（➡p.23）を🖱🖱。

情報 スタートメニューにある「Jw_cad」（➡p.23）を🖱してもJw_cadが起動します。

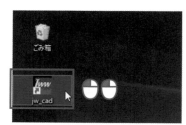

ショートカットで起動

スタートメニューで起動

**02** Jw_cadが起動し、初期設定の画面構成で白紙の新規図面ファイル（ファイル名「無題.jww」）が開く。

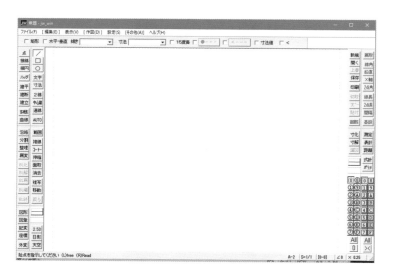

## Jw_cadの画面構成

Jw_cadインストール後の起動画面が標準的な初期設定の構成です。各部の名称および機能概要を下図に示します。

閉じるボタン：図面ファイルを閉じ、Jw_cadを終了

タイトルバー：図面ファイルの名前：起動時は「無題.jww」

メニューバー：全コマンドを7つのメニューに分類配置

コントロールバー：実行中コマンドの詳細機能設定

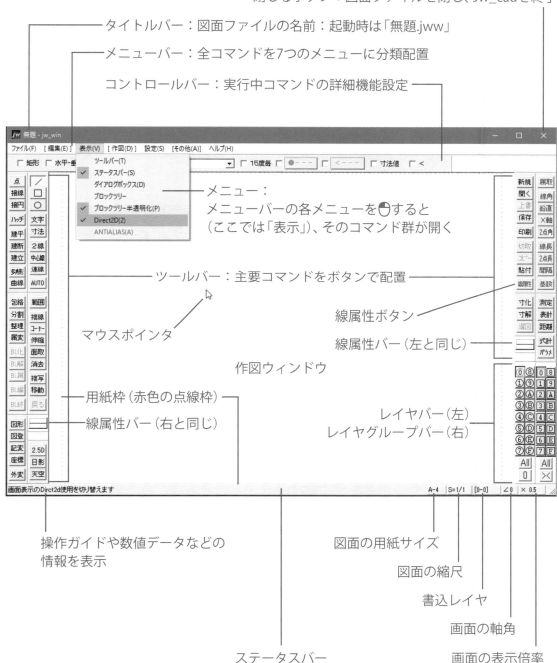

メニュー：
メニューバーの各メニューを🖱すると
（ここでは「表示」）、そのコマンド群が開く

ツールバー：主要コマンドをボタンで配置

線属性ボタン

マウスポインタ

線属性バー（左と同じ）

作図ウィンドウ

用紙枠（赤色の点線枠）

線属性バー（右と同じ）

レイヤバー（左）
レイヤグループバー（右）

第2章　Jw_cadを使う準備

操作ガイドや数値データなどの
情報を表示

図面の用紙サイズ

図面の縮尺

書込レイヤ

画面の軸角

画面の表示倍率

ステータスバー

## ツールバーを追加表示

第3章以降で本書の内容に沿って作図するために、ツールバーを1つ追加表示します。必須条件ではありませんが、追加表示しないと、いくつかのコマンドの選択が面倒になります。

**01** 前項に続けて、メニューバー「表示」を🖱し、開くメニューから「Direct2D(2)」コマンドを🖱してチェックを外す。チェックが外れたかどうかの確認は02で行う。

**注意** 「Direct2D (2)」コマンドは本書では使わない機能なので、必ず無効にしておきます。

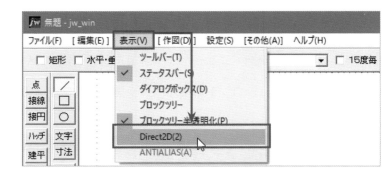

**02** 同様に、メニューバー「表示」を🖱し、開くメニューから「ツールバー」コマンドを🖱。

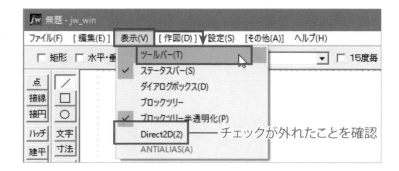

**03** 「ツールバーの表示」ダイアログが開くので、「初期状態に戻す」を🖱してチェックを付ける。

**04** 「ユーザー(1)」を🖱してチェックを付ける。

**05** 「OK」ボタンを🖱する。

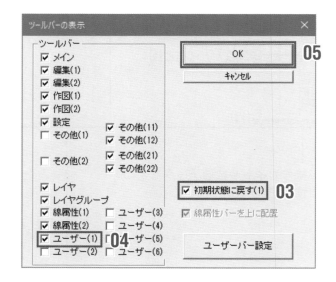

**06** 作図ウィンドウに「ユーザー(1)」ツールバーが追加表示されたことを確認する。

**07** 「ユーザー（1）」ツールバーが
このままでは作図の邪魔にな
るので、コントロールバー右
端部に移動する。
「ユーザー（1）」ツールバーの
タイトルバーの青いところで
マウスの左ボタンを押し、そ
のまま移動して（🖱⇒と同じ操
作になる）、図の位置付近でボ
タンを放す。

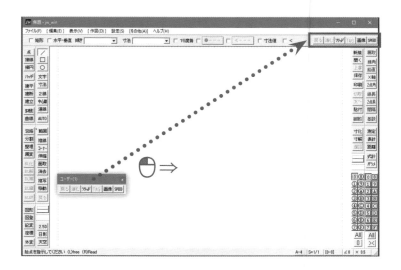

## 基本設定を変更

第3章以降で本書の内容に沿って作図するために、Jw_cadの基本
設定の一部を変更します。必須条件なので、必ず以下の設定に合
わせてからJw_cadをお使いください。

**01** 前項に続けて、メニューバー
「設定」を🖱し、開くメニュー
から「基本設定」コマンドを🖱。

情報 画面右端のツー
ルバーにある「基
設」ボタンを🖱し
ても同じです。

**02** Jw_cadの基本設定を行う「jw_
win」ダイアログの「一般（1）」
タブが開くので、図の赤枠項
目（合計7カ所）を🖱してチェッ
クを付ける。

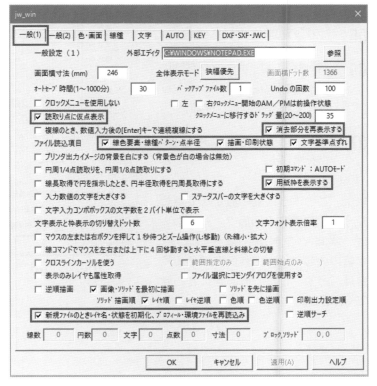

**03** 「一般（2）」タブを🖱してダイアログを切り替え、01と同様に、図の赤枠項目（合計2カ所）を🖱してチェックを付ける。

**情報** 「マウスホイール」欄の「＋」にチェックを付けると、マウスホイールの後方（手前）回転で画面拡大、前方（奥）回転で画面縮小になります（「－」にチェックを付けると逆）。また、この設定に関わらず、マウスホイールを押すと、押した位置が作図ウィンドウの中心になるように画面が移動します（画面の拡大・縮小➡p.38）。

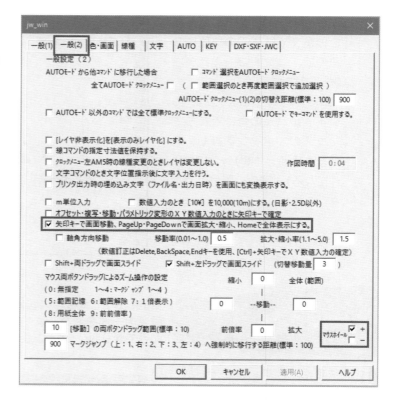

**04** 「色・画面」タブを🖱してダイアログを切り替え、「dpi切替」ボタンを🖱し、ボタンの上方にある表示が「線幅：600dpi」になることを確認する。

**05** 「色彩の初期化」ボタンを🖱。

**06** 「背景色：白」ボタンが有効になる（文字の表示がグレーから黒に変わる）ので、🖱する。

**07** 「OK」ボタンを🖱してダイアログを閉じる。

以上、このように基本設定を変更したうえで作図する図面ファイルならば、本書での解説に適合します。本書の内容に沿って作図を進める場合は、必ず、ここでの設定に合わせてください。

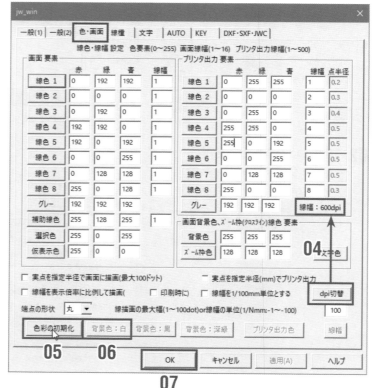

## 図面ファイルに名前を付けて保存（新規保存）

前項までに扱った図面ファイル「無題.jww」を保存します。保存方法には2種類あります。

**01** 前項に続けて、メニューバー「ファイル」を🖱し、開くメニューから「名前を付けて保存」コマンドを🖱。

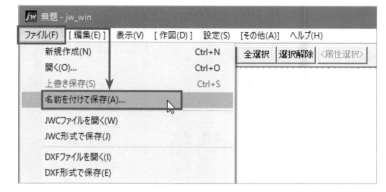

> 情報　画面右端のツールバーにある「保存」ボタンを🖱しても同じです。

> 情報　図面を新規保存するコマンドは「名前を付けて保存」（ツールバーは「保存」ボタン）、保存済みの図面に変更（編集）を加えた後の再保存は「上書き保存」（ツールバーは「上書」ボタン➡左上図）です。

**02** 「ファイル選択」ダイアログが開くので、保存するフォルダ（ここでは「D：」ドライブ）を選択してから「新規」ボタンを🖱。なお、「D：」ドライブがない場合やDVDドライブなどの場合は、「C：」ドライブの「jww」フォルダなどを選択する。

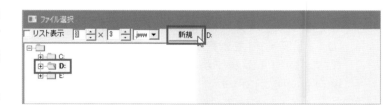

**03** 「新規作成」ダイアログが開くので、「名前」ボックスに「課題」を入力する。

**04** 「OK」を🖱する。「新規作成」および「ファイル選択」ダイアログが閉じ、この図面ファイルが「課題.jww」という名前で新規保存される。

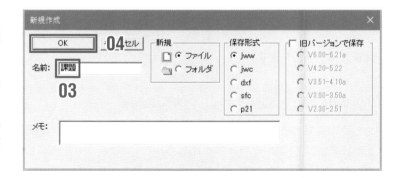

## 図面ファイルを閉じ、Jw_cadを終了

前項で名前を付けて新規保存した図面ファイル「課題.jww」を閉じて、Jw_cadを終了します。

**01** タイトルバー（➡p.27）右端の✕（閉じるボタン）（➡p.27）を🖱すると、図面ファイルが閉じ、同時にJw_cadが終了する。

第2章　Jw_cadを使う準備

## 保存済みの図面ファイルを開く

前項で名前を付けて保存した図面ファイル「課題.jww」を開きます。図面ファイルを開く練習です。

**01** Jw_cadを起動する。

**02** メニューバー「ファイル」を🖱し、開くメニューから「開く」コマンドを🖱。

情報 画面右端のツールバーにある「開く」ボタンを🖱しても同じです。

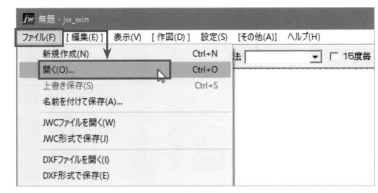

**03** 「ファイル選択」ダイアログが開くので、「課題.jww」を保存してあるフォルダ（ここでは「D：」ドライブ）を選択する。なお、「D：」ドライブがない場合は、「C：」ドライブの「jww」フォルダなどを選択する。

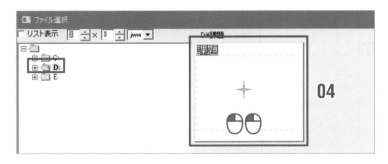

**04** ダイアログ右部に使うことができる図面ファイルが表示されるので、「課題」を🖱🖱。

「課題.jww」が開きます。

---

### Jw_cadの終了と図面ファイルの開閉の特徴

Jw_cadには、他のWindowsソフトのような「ファイルを閉じる」というコマンドがありません。図面を作図し終えて、図面ファイルを閉じる場合は、Jw_cadを終了します。

Jw_cadを終了しないで、続けて別の図面ファイルを使う場合は、「ファイル」メニュー→「開く」コマンド（ツールバー「開く」ボタン）で、保存済みの図面ファイルを開きます。その時、現在開いている図面ファイルは自動的に閉じます。Jw_cadは同時に1つの図面ファイルしか使えません。2つ以上の図面ファイルを同時に使いたい（開いておきたい）場合は、図面ファイルの数だけJw_cadを起動する必要があります。また、Jw_cadを終了しないで、続けて新しく図面をかく場合は、「新規作成」コマンド（ツールバー「新規」ボタン）で、図面ファイルを新規作成します（Jw_cadの起動と同じ結果となります ➡p.26）。

作図などの作業を行った最新の状態が図面ファイルとして保存されていない場合に、Jw_cadを終了したり（図面ファイルを閉じる）、他の図面ファイルを開いたり新規作成しようとしたりすると、保存確認のダイアログが開きます。保存する必要がある場合は、「名前を付けて保存」（➡p.31）または「上書き保存」（➡p.31）を行ってください。

# 第3章

# 練習ドリルによる
# 作図練習

第4章以降での土木製図の作図に必要なJw_cadの基本操作を、練習ドリルで練習します。繰り返し練習することで、Jw_cadの基本的な使い方をマスターします。

# 第3章での
# 作図練習の進め方

第3章では、付録CDに収録したjww図面ファイル「練習ドリル」を
使い、Jw_cadの基本的な作図練習を行います。練習ドリルは、第
2章で解説した基本設定やレイヤ設定を済ませてあるので、必ず、
各項目で指示のある図面を開いて、作図練習を始めてください。

## 「練習ファイル」フォルダ を確認

p.25で付録CDからパソコンの「jww」フォルダにコピーした「練習
ファイル」フォルダを確認します。

**01** パソコンのハードディスクの
「C：」ドライブの「jww」フォ
ルダを開き、「練習ファイル」
フォルダがあることを確認す
る（➡p.25）。

**情報** 「jww」フォルダは、Jw_cadをイ
ンストール（➡p.23）したときに
自動作成されたJw_cad一式を収
納しているフォルダです。

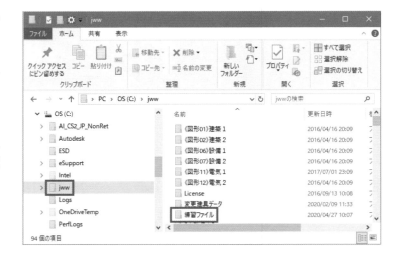

**02** さらに「練習ファイル」フォル
ダを開き、内容を確認する。

## 練習ドリルを開く（Jw_cadの起動）、保存する

作図練習の進め方を知っていただくため、ここで、練習ドリルを1つ開き、任意の名前を付けて保存するまでの一連の作業を説明します。

**01** 前項に続き、「練習ファイル」フォルダの「第3章」フォルダを開き、「練習ドリル01.jww」を👀し、練習ドリル01を開く（Jw_cadは自動起動する）。

**CD** 第3章フォルダ → 練習ドリル01.jww

**注意** 練習ドリルを付録CDから直接開いて利用することは、保存するときに面倒なのでお勧めしません。

**情報** Jw_cadが起動していれば、「ファイル」メニューの「開く」コマンドまたはツールバーの「開く」ボタン（➡p.32）を🖱して、練習ドリルを開けます。

練習ドリルはすべて、図のように、図面上で作図練習ができる状態で保存されています。
各課題は、左側が完成見本、右側が作図を開始できる状態（白紙または補助点・線などのみ作図済み）にしてあります。完成見本を目標にして、右側のスペースで作図に挑戦してください。

練習ドリルを開いたら、作図練習を始める前に、同じ「練習ファイル」フォルダに任意の名前を付けて新しく保存します。そうすることで自分専用の練習ドリルの図面となり、適宜、利用できて便利です。

**02** メニューバー「ファイル」→「名前を付けて保存」コマンド（ツールバー「保存」）を🖱し、保存先を図のように「練習ファイル」フォルダとしてから、「新規」ボタンを🖱する（➡p.31）。

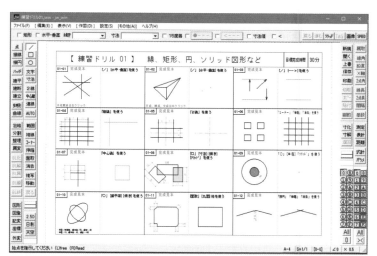

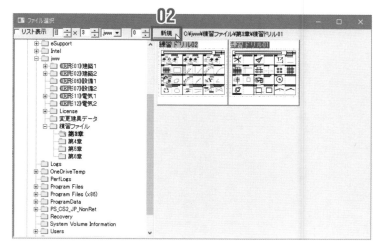

**03** 「新規作成」ダイアログで、「名前」を例えば「練習ドリル01A」とキー入力して、「OK」する。

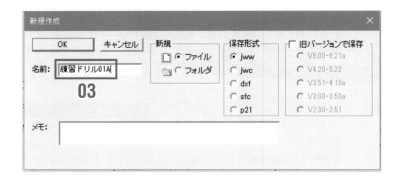

**04** 「新規作成」ダイアログおよび「ファイル選択」ダイアログがともに閉じるので、再度、ツールバー「保存」を🖱し、図のように「練習ドリル01A.jww」が追加で保存されたことを確認し、ダイアログを閉じる。

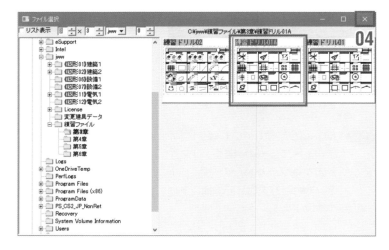

このようにして、2つの基本ドリルをどちらも自分の作図練習用にいったん別の名前で保存し、それを使うようにしてください。

練習ドリルには「練習ドリル01」と「練習ドリル02」の2つがあり、1つの練習ドリルには12の課題が用意されています。

以上で、第3章の作図練習の準備は完了です。

# 作図ウィンドウの画面の拡大・縮小表示

ここでは、図面の一部を作図ウィンドウの画面いっぱいに拡大表示させたり、元の図面全体表示に縮小したりする方法について説明します。Jw_cadの作図ウィンドウにはスクロールバーがないので、画面の拡大・縮小方法をここでマスターしてください。

## 図面の一部を作図ウィンドウいっぱいに拡大表示

「練習ドリル01A.jww」を使い、図面の一部を作図ウィンドウの画面に拡大表示する方法を説明します。

**01** 前項で保存した「練習ドリル01A.jww」を開く。

**02** ここでは課題「01-01」部分を拡大するので、図のように、拡大したい範囲の左上付近で左右のマウスボタンを両方とも押し、押したまま右下方向に（だいたいでよい）少しドラッグ（🖱 ⇒（両ドラッグ））し、「拡大」と表示されたら、表示される枠（長方形）で図のように囲み、ボタンをはなす。

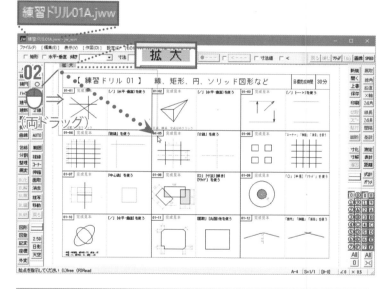

図のように拡大表示されます。
右側の白紙の部分に作図練習をしてください。

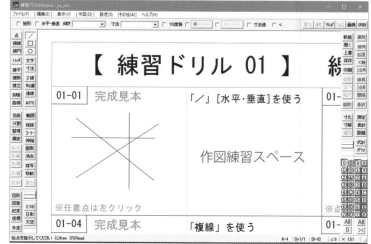

## 図面の全体を作図ウィンドウいっぱいに表示

作図ウィンドウの画面に図面全体を表示する方法を説明します。

前項に続けて、作図ウィンドウの画面に図面全体を表示する方法を説明します。その他、画面の拡大・縮小方法について補足します。

**01** 作図ウィンドウ上の任意の位置で、右上方向に（だいたいでよい）少し⊖⇒（両ドラッグ）し、「全体」と表示されたらボタンをはなす。

ドラッグ開始位置やドラッグの距離に関係なく、図のように全体表示に戻ります。

**情報** その他、左上方向へ両ドラッグすると画面が少し縮小されます。両ボタンを同時にクリックすると、クリックした位置が作図ウィンドウの中心になるように画面が移動します。基本設定で「マウスホイール」にチェックを付けていれば（➡p.30）、マウスホイールの回転で画面を自在に拡大・縮小できます。また、この設定に関わらずマウスホイールを押すと、押した位置が作図ウィンドウの中心になるように画面が移動します。

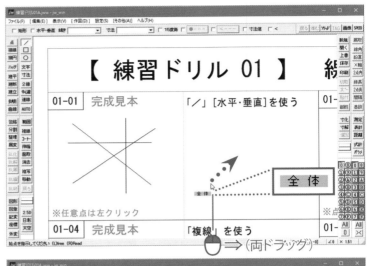

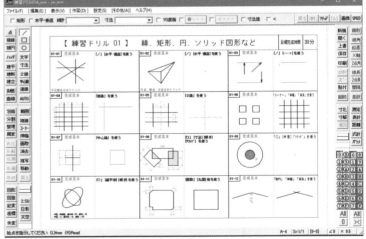

---

### 操作を取り消す「戻る」コマンド、取り消した操作をやり直す「進む」コマンド

作図操作後に、ツールバーの「戻る」ボタン（「戻る」コマンド）を⊖すると、操作前の図面状態に戻ります。「戻る」ボタンの⊖を繰り返すと、その回数分、操作前の図面状態に戻ります。例えば5回⊖すると、5操作前の図面状態に戻ります。戻れる回数は初期設定では100回までです。また、「戻る」コマンドで戻った場合、「進む」コマンドを⊖すると、その回数分やり直しされます。進めなくなったら「進む」コマンドの実行は無効になります。

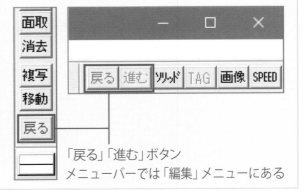

「戻る」「進む」ボタン
メニューバーでは「編集」メニューにある

# 練習ドリル01
## 基本的な図形を作図
## 作図済み図形を加工

「練習ドリル01.jww」の12の課題を使い、Jw_cadによる基本的な作図練習をします。なお、ツールバーのコマンドボタンについては、p.27を参照してください。

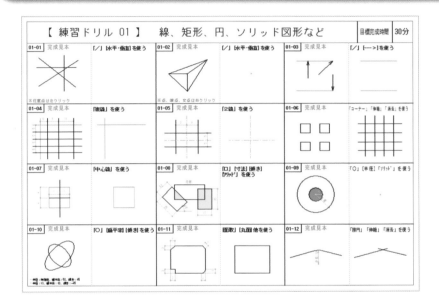

## 課題 01-01

任意の線（直線）をかきます。CAD作図の基本です。

課題「01-01」部分を拡大してください。

📀 第3章フォルダ → 練習ドリル01.jww

なお、Section 3 ～ 4で作図練習するときは、使用した図面ファイルを適宜、上書き保存（➡p.31）するなどして、各自で管理してください。間違えておかしくなった場合は、いつでも元の図面「練習ドリル01.jww」をコピーして使うようにすればOKです。

最初に、任意の位置（始点・終点）・傾き（角度）・寸法（長さ）の直線（以降、単に「線」と呼称）をかきます。

**01** ツールバー（➡p.27）「／」（「線」コマンド）を🖱。

**02** 線の始点にする任意の位置を🖱。

**03** マウスポインタの動きに追随して仮の線が表示されるので、線の終点にする任意の位置を🖱。

仮の線が黒くなり、線が確定します。

（情報）線の色や種類は変更できます（➡p.95）。ここでは初期設定の黒の実線を使用しています。

同様にして、もう1本かきます。

**04** 線の始点→終点を順次🖱。

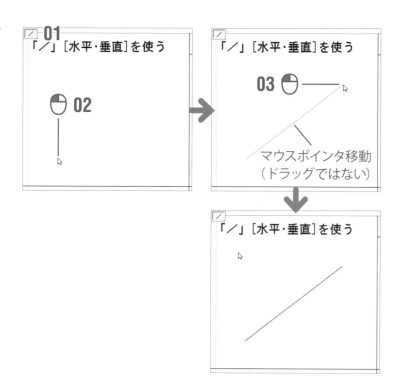

続けて、水平・垂直な線をかきます。

**01** コントロールバー（➡p.27）の「水平・垂直」チェックボックスを🖱して、チェックマークを付ける（または確認する）。

**02** 線の始点を🖱したら、マウスポインタを水平方向（だいたいでよい）に移動し、線の終点を🖱。

**03** 同様にして、垂直線をかく。

（情報）終点位置で決まる線の傾き（角度）45°（135°）を境にして、水平線になるか垂直線になるかが自動的に判断されます。

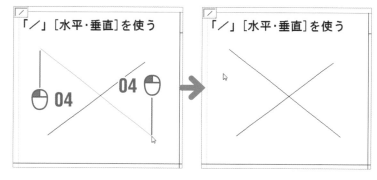

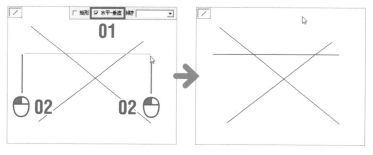

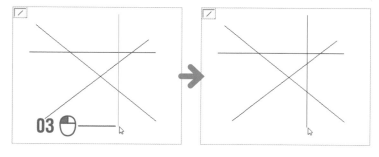

# 課題 01-02

作図済みの線の特定の点を始点・終点とする線をかきます。Jw_cad独特の「読取点は右クリック」機能を使います。

課題「01-02」部分を拡大してください。

「練習ドリル01」の課題「01-02」には、作図練習をしやすいように、あらかじめ小さい点（グレー）を作図してあります。同様に多くの練習ドリルでは、課題内容に合わせた準備作図を済ませてあります。適宜、利用してください。

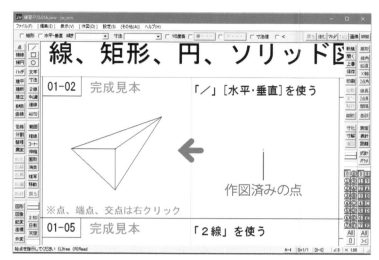

作図済みの点を始点とする線をかきます。作図済みの点は「読取点」と呼びます。

**01** ツールバー「／」を🖱。

**02** コントロールバー「水平・垂直」を🖱して、チェックを外す。

**03** 線の始点にする作図済みの読取点を🖱（右）。

**04** 終点にする任意の位置を🖱。

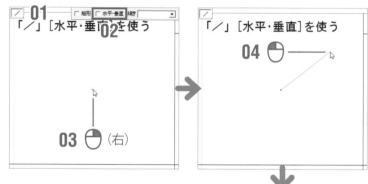

**情報** 作図ウィンドウを🖱（右）すると、そこから一番近い作図済みの点が自動的に読み取られます。任意点の指示は🖱です。正しく使い分けてください。なお、読取点には、線（円弧）の端点、線（円弧）と線（円弧）の交点や接点、線の屈折点、多角形の頂点、文字列の基点などがあります（➡ 下のコラム）。

「／」［水平・垂直］を使う

## 読取点の例（●印が読取点）

この他に、線中点、円周1/4点などを読み取る機能もある

続けて同様にして、水平線も読取点と任意点を使い分けてかきます。

**01** コントロールバー「水平・垂直」にチェックを付け（以降、この操作の解説は割愛）、図のような水平線をかく。

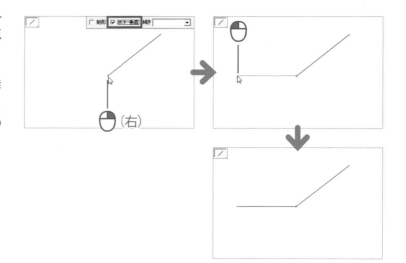

続けて同様にして、垂直線も読取点と任意点を使い分けてかきます。

**01** 続けて、図のような垂直線をかく。

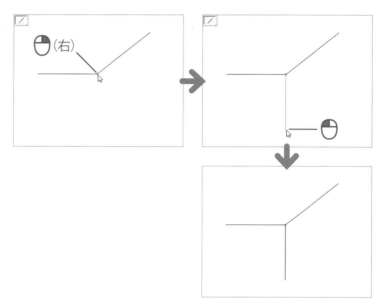

続けて、これまでにかいた線の端点どうしを結ぶ線をかきます。

**01** 始点→終点とも読取点を指示して線端点を結ぶ線をかく。

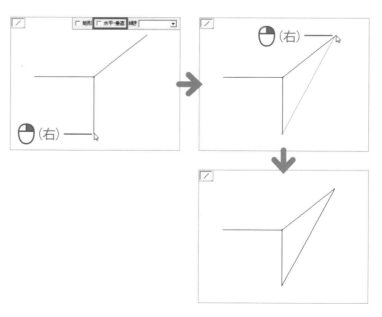

**02** 同様にして、図の線もかく。

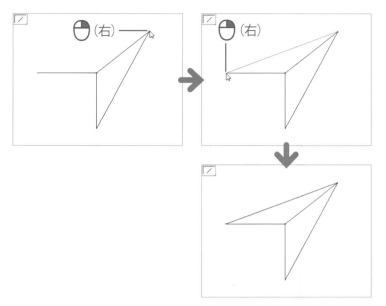

**03** 同様にして、最後の線もかく。

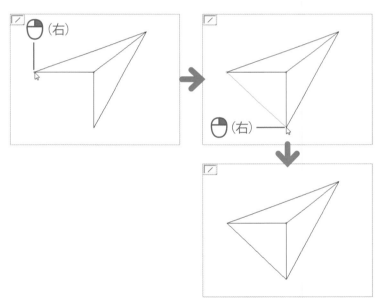

### ステータスバーのメッセージの活用

作図操作に慣れないうちは、ステータスバーの左側に表示されるメッセージを参考にしましょう。次に行う操作ガイドや作図中の図形の傾き・寸法・面積などが表示されます。と(右)の使い分けもわかります。

作図中の線の傾きと寸法を示す

次の作図操作は終点指示で、「(L)free」は任意点指示、「(R)Read」は読取点指示(右)を示す

## 課題 01-03

「線（／）」コマンドで、作図済みの線に届く矢印線をかきます。線の終点に読取点がない場合でも、工夫することでかける例も紹介します。

課題「01-03」部分を拡大してください。

課題内容に合わせた線（緑）の作図を済ませてあります（以降、このような解説は割愛）。

作図済みの線の端点を始点とする矢印線をかきます。矢印線は、「線（／）」コマンドのオプション設定で、容易にかくことができます。

**01** ツールバー「／」を🖱。

**02** コントロールバーの図で示したボタンの左にあるチェックボックスにチェックを付ける。

**03** 矢印線の始点にする作図済みの線端点を🖱（右）。

**04** 終点にする任意の位置を🖱。

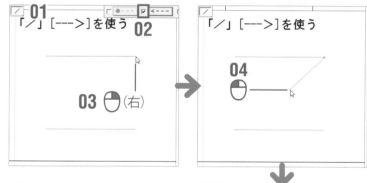

**情報** コントロールバーのボタンが「＜ーーー」の場合は、矢印線の矢は、線の始点に付きます。

続けて、垂直の矢印線をかきます。

**01** 同様にして、図のような垂直の矢印線をかく。

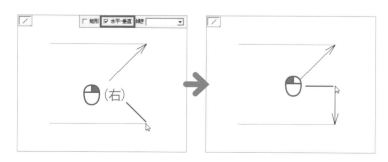

続けて、読取点がない線上を終点とする垂直の矢印線をかきます。

**01** コントロールバーの図で示したボタンを🖰して「−−−>」に設定する。

**02** 矢印線の始点にする任意点を🖰。

**03** 矢印線の終点とする読取点はないが、ここでは垂直線をかくので、図の線端点を🖰（右）することでかける。

**04** 前ページ02で付けたコントロールバーのチェックを外す。

**情報** コントロールバーのボタンが「−−−>」の場合は、矢印線の矢は、線の終点に付きます。

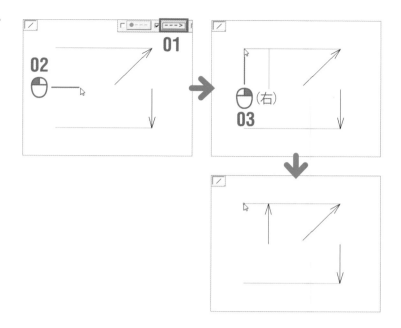

第3章
練習ドリルによる作図練習

## 課題 01−04

「複線」コマンドで、作図済みの線を平行に複写します。単なる複写だけではなく、複写した線の寸法や始点・終点を変える機能や、連続複写の機能もあります。ここではその一例を紹介します。

課題「01−04」部分を拡大してください。

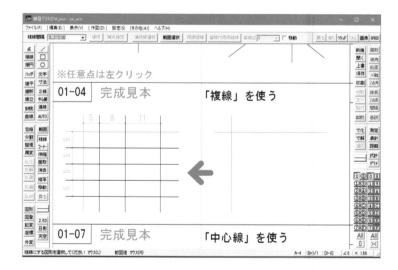

まず、水平線を複線します。

**01** ツールバー「複線」を🖱。

**02** 複線元の水平線を🖱で指示する。

**03** コントロールバー「複線間隔」に、複線間隔（複線元と複線先の間隔）をキー入力する（ここでは完成見本のとおり「5」）。

**04** 複線先の方向の任意の位置にマウスポインタを移動（平行複写なので2方向ある。ここでは下方向）する。

情報 🖱する位置は、下方向であれば任意です。

**05** その位置で、確定の🖱。

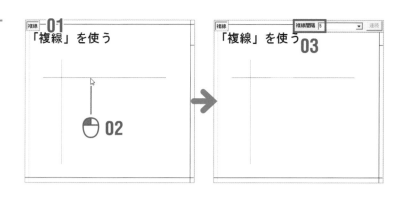

次の複線は同じ方向に同じ間隔でかくので、連続複線機能が使えます。3本複線します（図は一部割愛）。

**01** コントロールバー「連続」を3回🖱。

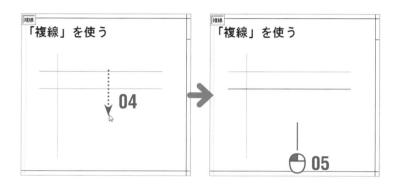

続けて、垂直線を複線します。最初は複線間隔「5」で複写するので、前回値複線機能を使います。

**01** 複線元の垂直線を🖱（右）。

情報 複線コマンド実行中に複線元の線を🖱（右）すると、前回複線したときの複線間隔が自動的に設定されます。

**02** 複線間隔が「5」に自動設定されるので、右方向で🖱。

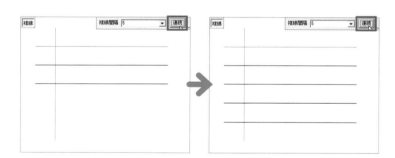

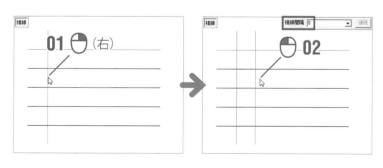

**03** 複線元の線として、02で複線
した線を🖱。

**04** 複線間隔「8」にして、右方向
で🖱。

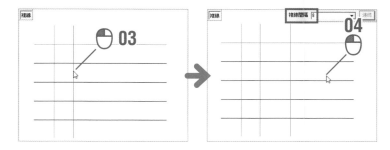

**05** 複線元の線として、04で複線
した線を🖱。

**06** 複線間隔「11」にして、右方向
で🖱。

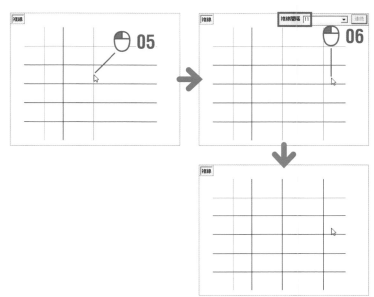

## 課題 01-05

「2線」コマンドで、作図済みの線の両側に同時に平行線をかきます。
建築図面の壁線の作図などに重宝する機能ですが、土木製図でも
使います。

課題「01-05」部分を拡大してくださ
い。

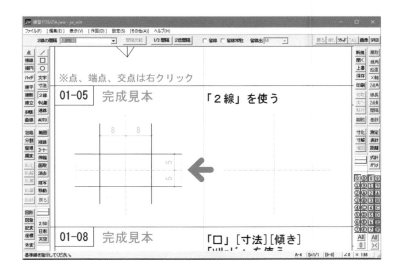

まず、垂直線を基準線にして2線をか
きます。

**01** ツールバー「2線」を🖱。

**02** コントロールバー「2線の間隔」
に「8 , 8」をキー入力する（2数
値の区切りはカンマ記号）。

**03** 2線の基準線を🖱で指示する。

**04** 2線の始点にする任意の位置を
🖱。

**05** 2線の終点にする任意の位置を
🖱。

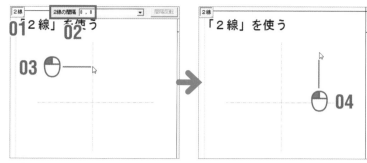

（情報）コントロールバー「2線の間隔」のように、2数値を入力するボッ
クスでは、2数値が同値の場合は1数値だけを入力することでも
OK（省略入力機能）。

次は、水平線を基準線にして2線をか
きます。

**01** ツールバー「2線」を🖱。

**02** コントロールバー「2線の間隔」
に「5」（2数値同値の省略入力）。

**03** 2線の基準線を🖱で指示する。

**04** 2線の始点にする位置と同位置
にある線端点を🖱（右）。

**05** 2線の終点にする位置と同位置
にある線端点を🖱（右）。

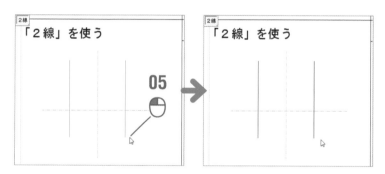

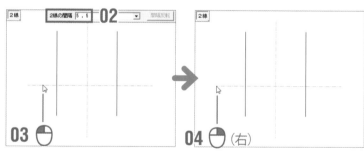

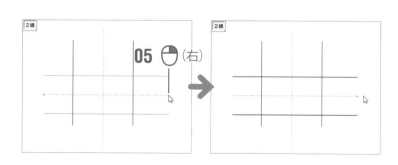

## 課題 01-06

「コーナー処理」「伸縮」「消去」コマンドで分け、作図済みの線の交点をコーナー（角、頂点）にしたり、はみ出した部分を整える練習をします。

課題「01-06」部分を拡大してください。

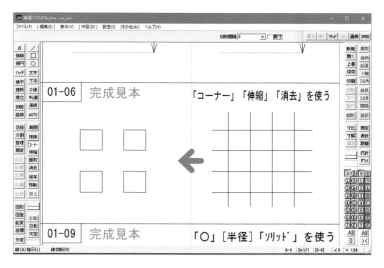

完成見本のとおり、水平・垂直に交差する多数の線から4つの矩形（ここでは正方形）を作ります。まず、外周にはみ出した線端点を処理します。

**01** ツールバー「コーナー」（「コーナー処理」コマンド）を🖱。

**02** 外周の左上を角にするので、処理する1本目の線を🖱。

**03** コーナー処理する2本目の線を🖱。

（注意）線の指示順序は任意ですが、指示位置はコーナー（角）にしたときに線が残る側です。交差する2本の線のコーナーの作り方は全部で4通りあるので、指示位置に注意してください。

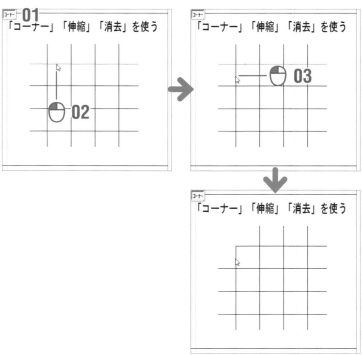

**04** 同様にして、外周の左下を角
にする。

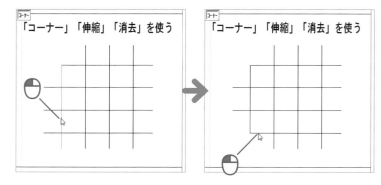

**05** 同様にして、外周の他の2カ所
も角にする（図は途中割愛）。

以上で、外周の四隅が角になり、大
きな正方形ができました。

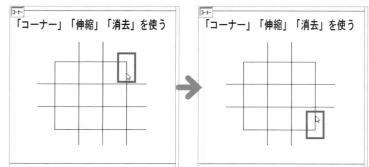

次に、外周にはみ出したままになっ
ている線端部を正方形の内部まで縮
めます。コマンドを切り替えます。

**01** ツールバー「伸縮」を🖱。

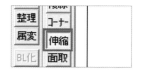

**02** まず、左の垂直線の上端を縮
めるので、縮める対象とする
線として、図の位置付近を🖱。

**03** 縮める先として、図の交点を
🖱（右）。

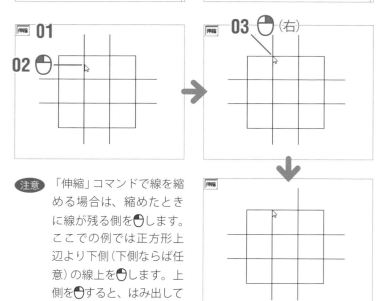

**注意** 「伸縮」コマンドで線を縮
める場合は、縮めたとき
に線が残る側を🖱します。
ここでの例では正方形上
辺より下側（下側ならば任
意）の線上を🖱します。上
側を🖱すると、はみ出して
いる部分が残ってしまい
ます。

**04** 同様にして、隣の垂直線の上
端も縮める。

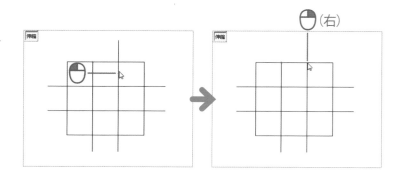

**05** 同様にして、図の水平線の左端も縮める。線を残す側である位置を指示すること。

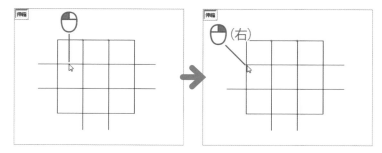

**06** 同様にして、図の水平線の左端も縮める。

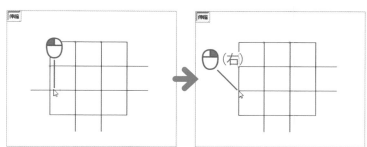

前項までは、縮める線を1本ずつ指示していましたが、伸縮先が同じ（または同じ水平・垂直）位置の場合は、伸縮先を最初に1回だけ指示すれば済む機能があります。

**01** 2本の垂直線は、同じ水平位置である大きな正方形の下辺まで縮めるので、下辺を🖱🖱（右ダブル）。

**02** 伸縮基準線が決まったので、ここでは縮める線として、図の垂直線を🖱。

（注意）垂直線は、線を残す側で指示します（➡前ページ）。

**03** 同様にして、次に縮める図の垂直線を🖱。

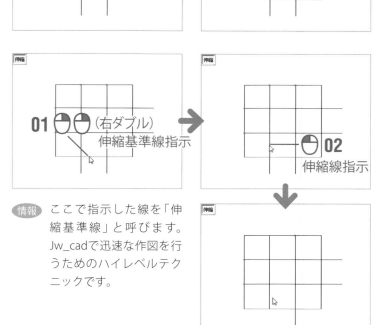

（情報）ここで指示した線を「伸縮基準線」と呼びます。Jw_cadで迅速な作図を行うためのハイレベルテクニックです。

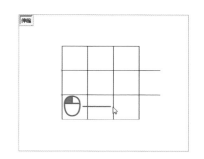

第3章 練習ドリルによる作図練習

**04** 01と同様に、2本の水平線は、同じ垂直位置である大きな正方形の右辺まで縮めるので、右辺を🖱️🖱️（右ダブル）。

**05** 縮める線として、図の水平線を🖱️。

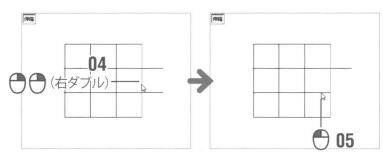

**06** 同様にして、次に縮める図の水平線を🖱️。

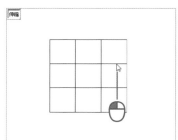

「消去」コマンドの部分消去機能を使い、外周の4辺中央にある線を消去します。

**01** ツールバー「消去」を🖱️。

**02** 部分消去する部分を含んだ線を🖱️。

**03** 消去する部分の始点として、図の交点を🖱️（右）。

**04** 消去する部分の終点として、図の交点を🖱️（右）。

**05** 同様にして、図の垂直線も消去する（図は一部割愛）。

(情報) ここでの部分消去や、次ページの節間消しは、線の一部を消す「消去」コマンドの応用的な機能で、最初に消去対象線を🖱️をします。「消去」コマンド選択後に線を🖱️（右）すると、ただちにその線全体が消去されます（右クリック消去）。

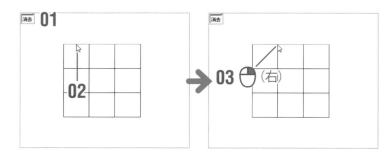

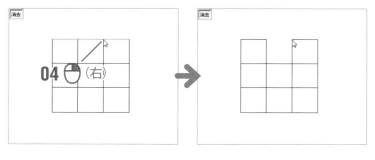

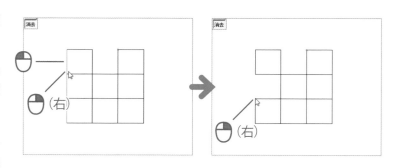

残った6本の線は、「消去」コマンドの節間消し機能を使い消去します。結果として4つの正方形を残します。

**01** コントロールバー「節間消し」にチェックを付ける。

**02** 消去する範囲の線上を🖱。

**注意** 「節間」とは、両端が読取点（交点や頂点など）で、その間には読取点がない範囲を指します。

**03** 同様にして、他の線も節間消しする（図は途中割愛）。

**04** コントロールバー「節間消し」のチェックを外す。

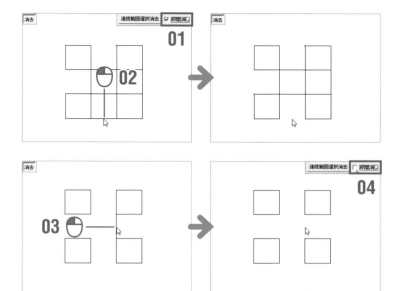

## 課題 01-07

「中心線」コマンドで作図済みの正方形内部に中心線をかきます。中心線は、通常は平行線をかくことになります。

課題「01-07」部分を拡大してください。

中心線は基準となる2本の線（通常は平行線）の中央に作図されるので、作図位置の寸法を気にする必要はありません。完成見本には、参考として作図後の寸法を示しています。

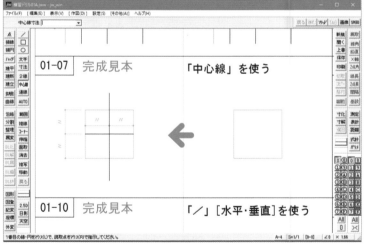

まず、作図済みの正方形を垂直2等分に貫く線をかきます。

**01** ツールバー「中心線」を🖱。

**02** 中心線の基準線にする1本目（任意）の線を🖱。

**03** 中心線の基準線にする2本目の線を🖱。

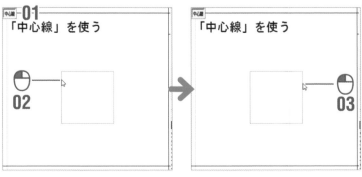

**注意** 線の指示順序は任意です。

**04** 中心線の始点にする位置と同位置にある任意の位置を🖱。

**05** 中心線の終点にする位置と同位置にある任意の位置を🖱。

**注意** 02と03の指示で中心線の通る位置は決まるので、04と05は、垂直方向の始点・終点位置と寸法を決める指示になります。2線の作図と同様です。

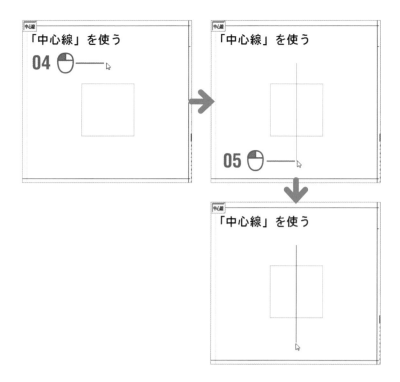

続けて、作図済みの正方形を水平2等分する線をかきます。

**01** 中心線の基準にする1本目の線を🖱。

**02** 中心線の基準にする2本目の線を🖱。

**03** 中心線の始点にする位置と同位置にある下辺左端点を🖱(右)。

**04** 中心線の終点にする位置と同位置にある下辺右端点を🖱(右)。

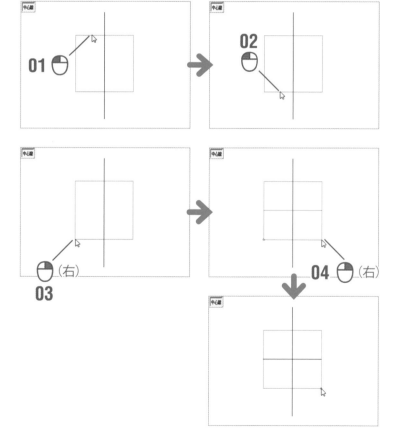

## 課題 01-08

矩形（長方形）をかき、その内部を着色します。

課題「01-08」部分を拡大してください。

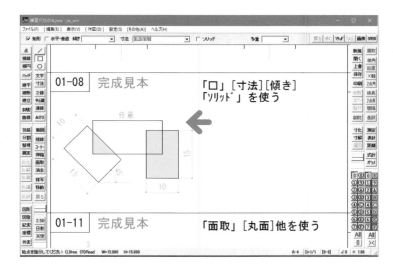

まず、任意の長方形をかきます。

**01** ツールバー「□」（「矩形」コマンド）を🖱。

**02** 長方形の1頂点にする任意の位置を🖱。

**03** 02の対角点にする任意の位置を🖱。

注意 頂点や対角点の指示順序は任意です。

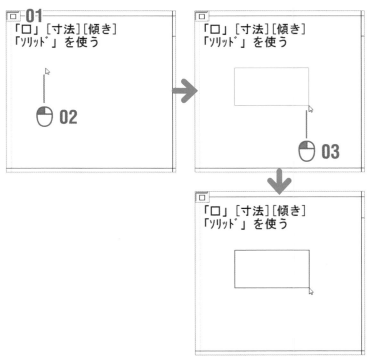

第3章 練習ドリルによる作図練習

続けて、寸法を指定した長方形をかきます。ここでは指定位置に長方形の特定の部位を合わせる機能も使います。

**01** コントロールバー「寸法」に「10,15」をキー入力する。

**02** 長方形の中心にする位置を🖱（右）。

**03** 02の指示位置に長方形の中心を合わせ、位置確定の🖱。

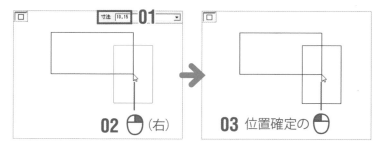

情報　**02**の指示の後にマウスポインタを動かすと、長方形が9カ所の部位（4頂点、4辺の中点、中心）をマウスポインタに合わせ移動します。目的の部位で確定の🖱をします。

---

続けて、傾けた長方形をかきます。

**01** コントロールバー「傾き」に「45」をキー入力する。

**02** 長方形の中心にする位置を🖱（右）。

**03** 02の指示位置に長方形の中心を合わせ、確定の🖱。

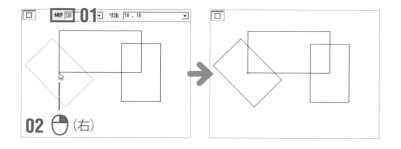

---

続けて、作図済みの図形を着色（塗りつぶし）します。まず、色を設定します。

**01** ツールバー「ソリッド」（➡p.29）を🖱。

**02** コントロールバー「任意色」にチェックを付け、「任意■」ボタンを🖱。

**03** 「色の設定」ダイアログが開くので、着色する色（ここでは図の濃い黄）を🖱で選択して、「OK」を🖱。

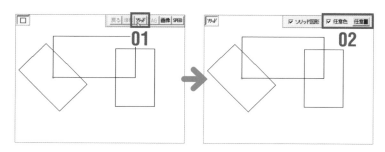

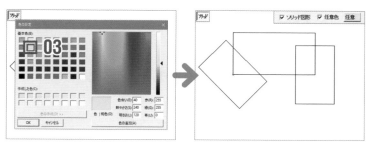

最初に、左側の三角形に見える部分を着色します。

**04** 着色する範囲の外周を、読取点を利用して順番に🖱（右）していく。

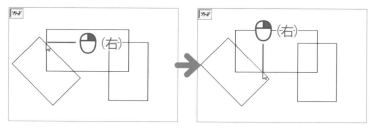

**05** 着色する範囲の外周のすべての読取点（3点）を指示したら、コントロールバー「作図」を🖱。

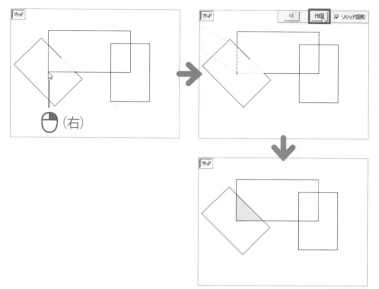

続けて、右側の長方形全体を着色します。一発で着色できる機能を使います。

**01** コントロールバー「円・連続線指示」を🖱。

**02** 着色する長方形の任意の辺の任意の位置を🖱。

注意 辺を🖱（右）すると、その線も消えます。

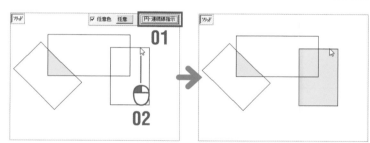

## 課題 01-09

円をかき、着色します。

課題「01-09」部分を拡大してください。

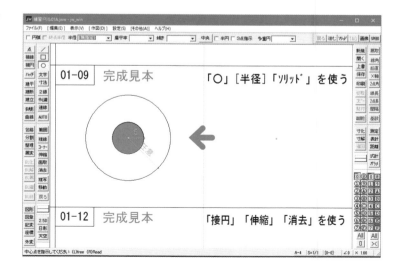

第3章 練習ドリルによる作図練習

まず、任意の円をかきます。

**01** ツールバー「○」(「円弧」コマンド)を🖱。

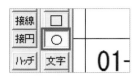

**02** 円の中心にする読取点を🖱(右)。

**03** 円周(半径)にする任意の位置を🖱。

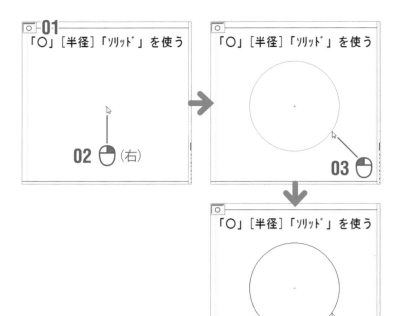

続けて、寸法を指定した円をかきます。

**01** コントロールバー「半径」に「5」をキー入力する。

**02** 円の中心にする読取点を🖱(右)。

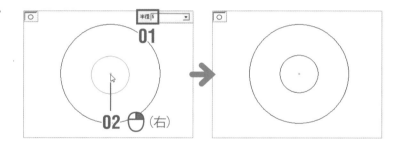

続けて、小さい方の円を着色します。まず、色を設定します(➡p56)。

**01** ツールバー「ソリッド」を🖱。

**02** コントロールバー「任意色」にチェックを付け、「任意■」ボタンを🖱。

**03** 「色の設定」ダイアログが開くので、着色する色(ここでは赤)を🖱で選択して、「OK」を🖱。

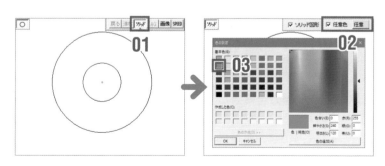

**04** コントロールバー「円・連続線指示」を🖱。

**05** 着色する小さい円の任意の円周位置を🖱。

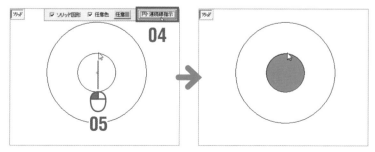

# 課題 01-10

課題「01-10」部分を拡大してください。

傾いた楕円をかきます。

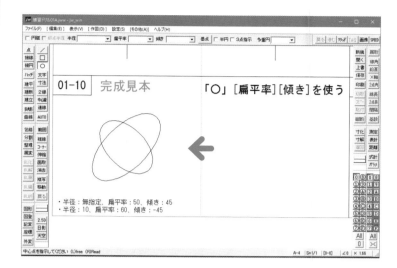

傾いた扁平率50の楕円をかきます。
位置や大きさは任意とします。

**01** ツールバー「○」を🖱。

**02** コントロールバー「扁平率」に「50」、「傾き」に「45」をキー入力する。

**03** 楕円の中心にする任意の位置を🖱。

**04** 楕円の円周にする任意の位置を🖱。

（情報） 楕円は、「○」コマンドで「扁平率」を設定することでかきます。正円が扁平率100で、扁平率50ならば水平方向半径100に対して垂直方向半径50の垂直方向につぶれた楕円になります。扁平率が100を超えれば水平方向につぶれた楕円になります。

続けて、半径と傾きを指定して楕円をかきます。

**01** コントロールバー「扁平率」に「60」、「半径」（水平半径）に「10」、「傾き」に「-45」をキー入力する。

**02** 楕円の中心にする任意の位置を🖱。これで楕円が決まる。

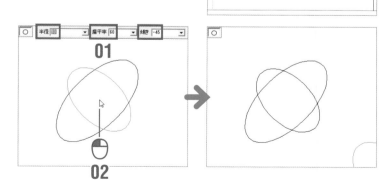

## 課題 01-11

課題「01-11」部分を拡大してください。

長方形の角（頂点）を面取りします。

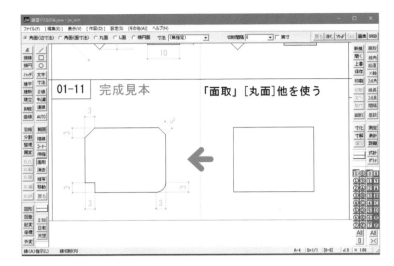

まず長方形の1つの角（頂点）を三角形状に切り取る面取りを行います。

**01** ツールバー「面取」を🖱。

**02** コントロールバー「角面（辺寸法）」のラジオボタンに●を付け、「寸法」に「3」をキー入力する。

（情報）面取の寸法とは、各辺から切り取る長さです。

**03** 面取する1本目の対象線を🖱。

**04** 面取する2本目の対象線を🖱。

（注意）線の指示順序は任意です。

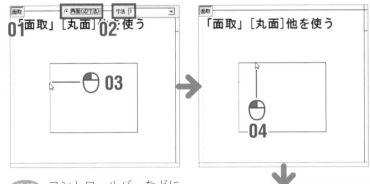

（情報）コントロールバーなどにある〇ボタンのことを「ラジオボタン」と呼び、複数ある項目から1つ選択するようになっています。🖱して選択すると◉になります。

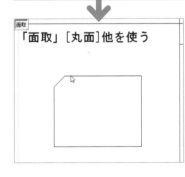

続けて、右上角を前項と同じ形状に面取りしますが、指定する寸法の位置を変えます（完成見本を参照）。

**01** コントロールバー「角面（面寸法）」にチェックを付ける。

**02** 面取りする2本の対象線を順次🖱。

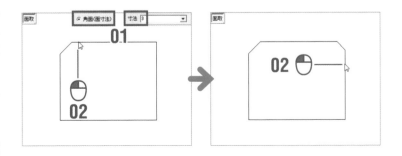

続けて、右下角を円弧状に面取りします。作図要領は前項までと同様です。

**01** コントロールバー「丸面」にチェックを付ける。「寸法」は「3」のまま。

**02** 面取りする2本の対象線を順次🖱。

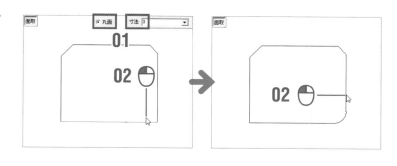

続けて、左下角を長方形状に面取りします。作図要領は前項までと同様です。

**01** コントロールバー「L面」にチェックを付ける。

**02** コントロールバー「寸法」に「3,3」を入力する。

**03** 面取りする2本の対象線を順次🖱。

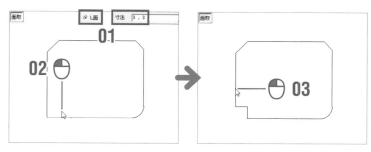

情報 長方形状に切り取れるので、2辺の寸法を指定します。ここでは2辺を同値としているので、正方形状に面取りされます。

## 課題 01-12

作図済みの2本の線に接する円をかきます。また、かいた接円の円周の一部を消去し、2本の線との間で端点処理をしてなめらかにつながるコーナーを作ります（ここでは「コーナー処理」コマンドは使わずに作図）。

課題「01-12」部分を拡大してください。

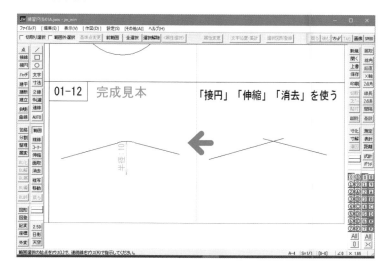

第3章 練習ドリルによる作図練習

まず、作図済みの交差する2本の線に
接する円をかきます。

**01** ツールバー「接円」を🖱。

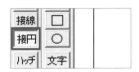

**02** コントロールバー「半径」に
「10」をキー入力する。

**03** 円を接続させる1本目の線を
🖱。

**04** 円を接続させる2本目の線を
🖱。

注意 線の指示順序は任意です。

**05** 円を確定させる🖱。

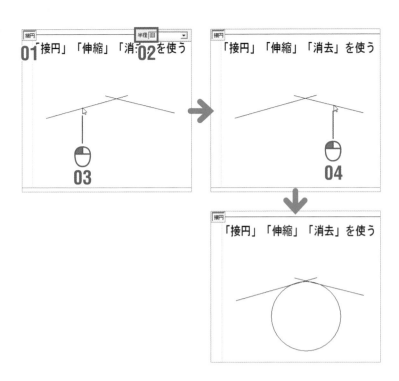

続けて、前項でかいた接円の円周の
一部を消去します。

**01** ツールバー「消去」を🖱。

**02** 円を🖱。

**03** 部分消去（➡p.52）の始点とし
て、図の交点を🖱（右）。

**04** 部分消去の終点としてマウス
ポインタを反時計回りに移動
するように図の交点を🖱（右）。

注意 円（円周）の部分消去では、反時
計回りに始点→終点を指示したと
きに、その部分（範囲）が消去さ
れます。

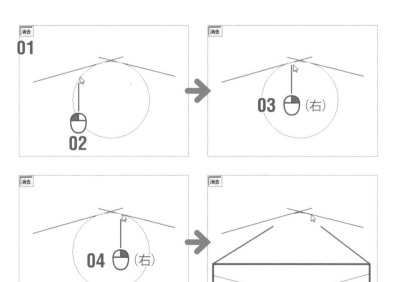

続けて、2本の線と円弧でコーナーを作ります（完成見本参照）。ここでは「伸縮」コマンドを使います。

**01** ツールバー「伸縮」（➡p.50）を🖱。

**02** 縮める線の残す側を🖱。

**03** 縮める先の交点を🖱（右）。

**04** 縮める別の線の残す側を🖱。

**05** 縮める先の交点を🖱（右）。

課題01～12の内容は、土木製図ではしばしばかくことになる例です。
敷地や道路の境界線がカーブしている場合に、そこを円弧で滑らかに接続（隅切り）する作図テクニックです。

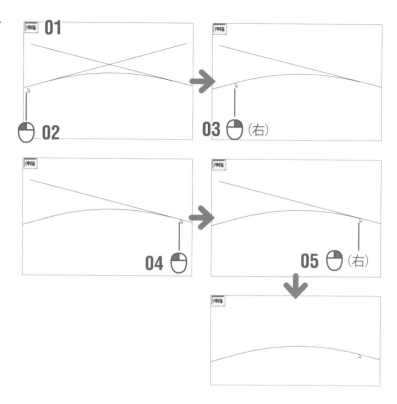

第3章 練習ドリルによる作図練習

## 「練習ドリル01」を上書き保存して、終了

以上で「練習ドリル01」の作図練習は終了です。
完成したので、適宜、ツールバー「上書」を🖱して上書き保存（➡p.31）してください。
図面ファイル名は、これまでを継承して「練習ドリル01A.jww」でもかまいませんし、その他、「練習ドリル01完成.jww」のように適当に名前を付けてもOKです。
間違えておかしくなった場合は、元の図面「練習ドリル01.jww」をコピーして使ってください。

完成したので、ここまで作図練習してきた「練習ドリル01A.jww」を上書き保存します。

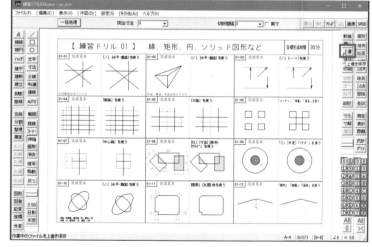

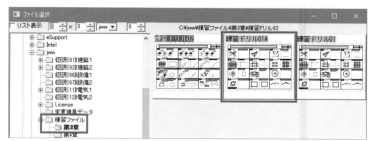

# 練習ドリル02

## 作図済み図形に寸法を記入
## 作図済み図形を測定

「練習ドリル02.jww」の12の課題を使い、練習ドリル01では行わなかった作図テクニックを練習します。なお、p.34 〜 36を参照して、「練習ドリル02.jww」(➡下図)を開き、「練習ドリル02A.jww」などとして新規保存し、作図練習を始めてください。

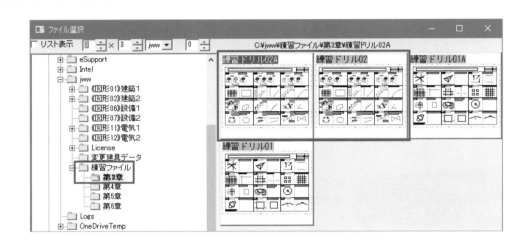

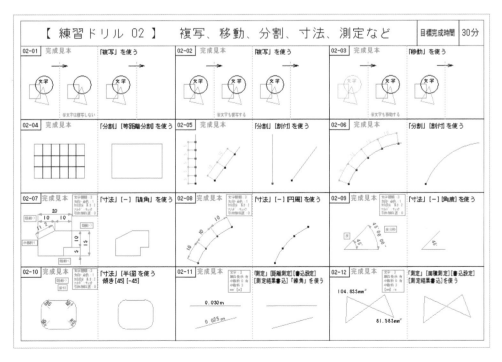

# 課題 02-01

課題「02-01」部分を拡大してください。

🔘 第3章フォルダ → 練習ドリル02.jww

作図済みの図形を複写します。

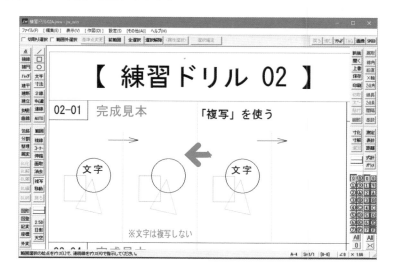

まず、作図済みの3つの図形を、まとめて右側のスペースに複写します。

**01** ツールバー「複写」(「図形複写」コマンド)を🖱。

**02** 作図済みの3つの図形の全体を長方形で包含するように、始点→対角点を順次🖱して囲む(矩形範囲選択)。

**03** 範囲選択で全体が包含された図形が、すべて(ここでは3つ)複写対象の選択色(ピンク)に変わったことを確認し、コントロールバー「選択確定」を🖱。

**04** コントロールバー「任意方向」を何度か🖱して「X方向」に切り替え(または確認)、複写方向を水平方向に限定する。

**05** 複写対象となった3つの図形がマウスポインタの移動に追随するので、移動先の位置で🖱。

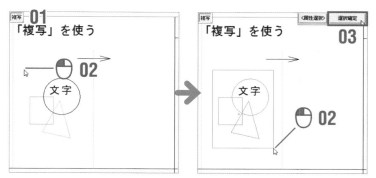

(情報) ツールバー「範囲」(「範囲選択」コマンド)(➡p.96)でも同じことが行えます。

(注意) 範囲選択の指示を🖱で行うと、文字は選択されないので、複写されません。

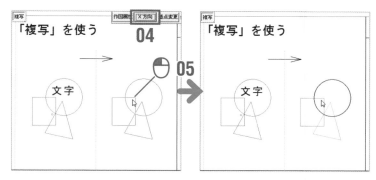

(情報) 複写方向の限定方向は、X(水平)方向、Y(垂直)方向、XY(水平・垂直)方向の3種類です。複写方向を自由にする場合は、コントロールバーを「任意方向」に設定します。

第3章
練習ドリルによる作図練習

## 課題 02-02

作図済みの図形および文字を複写します。課題02-01での操作との違いは、範囲選択の終点指示時に🖱（右）することです。

課題「02-02」部分を拡大してください。

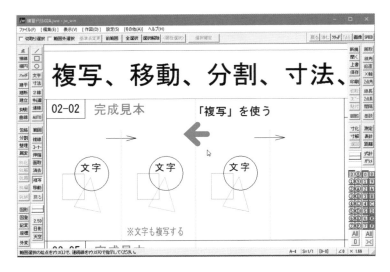

作図済みの3つの図形に加えて文字もまとめて右側のスペースに複写します。

**01** ツールバー「複写」を🖱。

**02** 作図済みの3つの図形および文字をすべて包含するよう、始点を🖱し、対角点を🖱（右）して囲む。

**03** 図形および文字が選択色に変わったことを確認し、コントロールバー「選択確定」を🖱。

**04** コントロールバー「X方向」の状態で、移動先の位置で🖱。

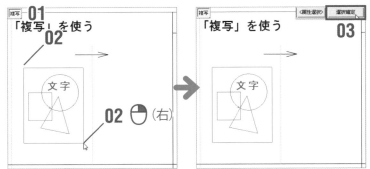

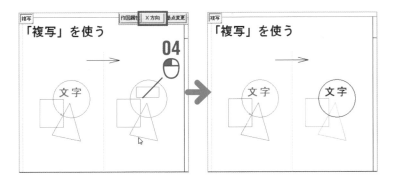

## 課題 02−03

作図済みの図形および文字を移動します。課題02−01・02−02との違いは、元の図形および文字が自動的に消去されることです。

課題「02−03」部分を拡大してください。

完成見本では、結果をわかりやすくするため、本来は消去される元の図形および文字を薄いグレーで残してあります（正しく操作すれば消去されて真っ白になります）。

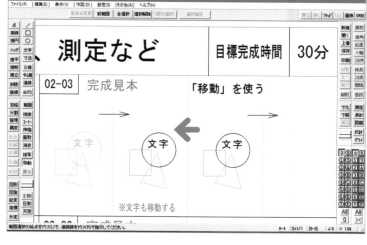

作図済みの3つの図形に加えて文字もまとめて右側のスペースに移動します。前項の「複写」との違いは、元の図形および文字が自動的に消去されることです。

**01** ツールバー「移動」を🖱。

**02** 作図済みの3つの図形および文字がすべて包含するよう、始点を🖱し、対角点を🖱（右）して囲む。

**03** 図形および文字が選択色に変わったことを確認し、コントロールバー「選択確定」を🖱。

**04** コントロールバー「X方向」の状態で、移動先の位置で🖱。

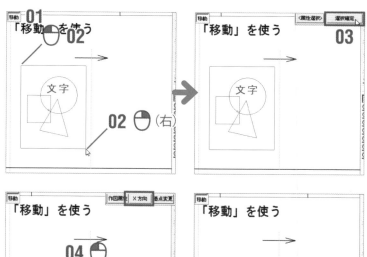

第3章 練習ドリルによる作図練習

## 課題 02-04

「分割」コマンドの「等距離分割」機能を使い、2本の線間や矩形内部に等間隔の分割線をかきます。

課題「02-04」部分を拡大してください。

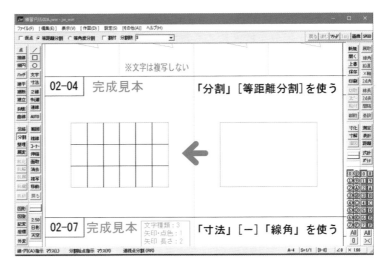

作図済みの長方形の対辺を使い、内部を等分割線で満たします。

**01** ツールバー「分割」を🖱。

**02** コントロールバー「等距離分割」に●(➡p.60) を付ける。

**03** コントロールバー「分割数」に「3」をキー入力する。

**04** 分割の1本目の基準線として、作図済み長方形の上辺を🖱。

**05** 分割の2本目の基準線として、作図済み長方形の下辺を🖱。

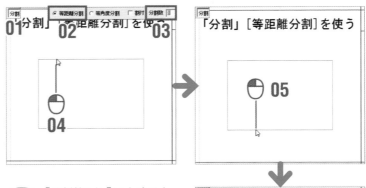

**情報** 「分割数」を「3」とすると、分割線は2本となります。

**注意** 基準線の指示順序は任意です。

続けて、長方形の別の対辺を使い、内部を等分割線で満たします。

**01** コントロールバー「分割数」に「6」をキー入力する。

**02** 分割の1本目の基準線として、作図済み長方形の左辺を🖱。

**03** 分割の2本目の基準線として、作図済み長方形の右辺を🖱。

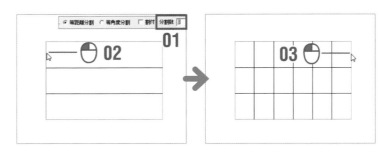

# 課題 02-05

課題「02-05」部分を拡大してください。

「分割」コマンドの「割付」機能を使い、線上に等距離（間隔）の点を作図します。

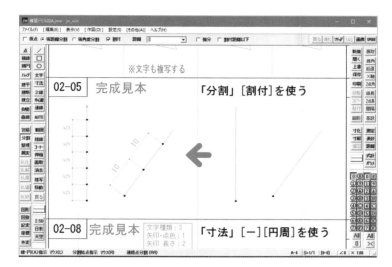

作図済みの線の指定範囲に、等間隔（距離）の点を作図します。

**01** ツールバー「分割」を🖱。

**02** コントロールバー「等距離分割」に●を付ける。

**03** コントロールバー「割付」にチェックを付ける。

**04** コントロールバー「距離」に「5」をキー入力する。

**05** 分割する線の対象範囲として、作図済み垂直線下端の●を🖱（右）。

**06** 分割する線の対象範囲として、作図済み垂直線の上端点を🖱（右）。

**07** 分割する対象線を🖱。

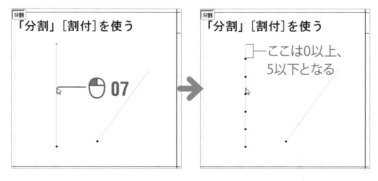

**情報** この例では「等距離分割」と「距離」を指定しているため、対象線が等距離で分割されるのではなく、対象線上に始端点から等間隔で点が作図されます。したがって、終端点側では、最後の点と線端点の距離が0以上5以下の範囲になります。

第3章 練習ドリルによる作図練習

続けて、前項と同様に作図済みの線の指定範囲に、等間隔（距離）の点を作図します。

**01** コントロールバー「距離」に「10」をキー入力する。

**02** 分割する線の対象範囲として、作図済み斜線下端の ● を 🖱（右）。

**03** 分割する線の対象範囲として、作図済み斜線の上端点を 🖱（右）。

**04** 分割する対象線を 🖱。

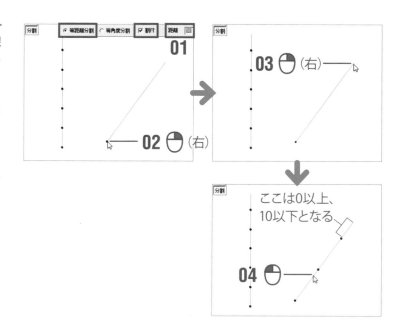

## 課題 02-06

課題「02-06」部分を拡大してください。

「分割」コマンドの「割付」機能を使い、円弧上に等距離（間隔）の点を作図します。

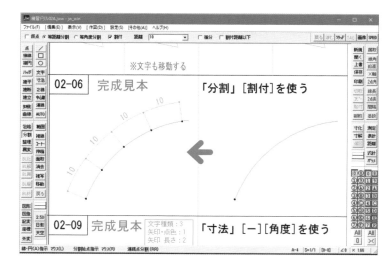

作図済みの円弧の指定範囲に、等間隔（距離）の点を作図します。

**01** ツールバー「分割」を 🖱。

**02** コントロールバー「等距離分割」に ● を付ける。

**03** コントロールバー「割付」にチェックを付ける。

**04** コントロールバー「距離」に「10」をキー入力する。

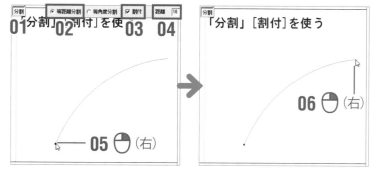

**05** 分割する円弧の対象範囲として、作図済み円弧下端の ● を 🖱(右)（➡前ページ）。

**06** 分割する円弧の対象範囲として、作図済み円弧の上端点を 🖱(右)（➡前ページ）。

**07** 分割する対象円弧を🖱。

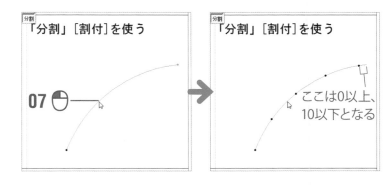

ここは0以上、10以下となる

## 課題 02-07

課題「02-07」部分を拡大してください。

作図済みの図形の各辺に寸法を記入します。

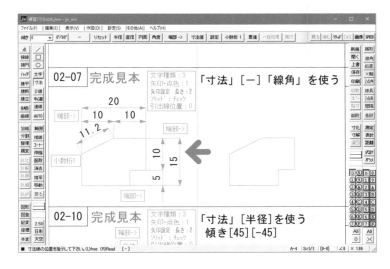

まず、これから記入する寸法の仕様を設定します。設定は記入前ならばいつでも変更できます。

**01** ツールバー「寸法」を🖱。

**02** 図に示したコントロールバーの寸法種類ボタンを何度か🖱して「－」に設定する（または確認する）。

**03** コントロールバー「設定」を🖱。

**04** 「寸法設定」ダイアログが開くので、図に示した5項目（①～⑤）に、それぞれキー入力して数値を合わせ、さらに「ソリッド」にチェックを入れたら、「OK」を🖱（それ以外の項目はそのままでよい）。

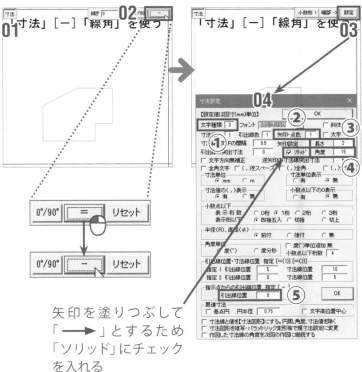

矢印を塗りつぶして「 ➞ 」とするため「ソリッド」にチェックを入れる

第3章 練習ドリルによる作図練習

最初に、作図済みの図形の上辺部に
水平寸法（全体）を記入します。

**01** 図に示したコントロールバー
の寸法種類ボタンを何度か🖱して「端部−>」に設定する（または確認する）。

**情報** 「端部−>」に設定すると寸法端が矢印になります。小さい黒丸に変更することもできます。

**02** 寸法線を作図する位置を任意に🖱し、寸法線ガイドライン（記入位置）を表示させる。

**03** 寸法を記入する始点位置として、図形頂点を🖱（右）。

**04** 寸法を記入する終点位置として、図形頂点を🖱（右）。

**05** コントロールバー「リセット」を🖱。

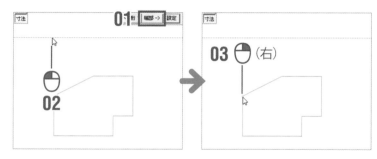

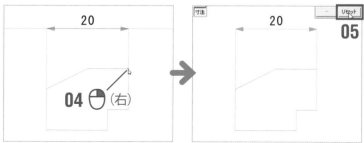

**注意** 水平寸法記入時の位置指示は、左から右への順番で🖱または🖱（右）で指示してください。逆に右から左への順番で指示すると、寸法端部の矢印の向きが変わってしまいます。

**注意** 1つの寸法を記入し終えたら、必ずリセットをしてください。同じ設定の寸法記入状態が続いてしまいます。

続けて、同じ上辺部に2段目の水平寸法（部分）を記入します。

**01** 寸法線を作図する位置を、前項よりも下側の任意位置で🖱する。

**02** 寸法始点位置として、図の交点を🖱（右）。

**注意** 02では通常、図形の頂点を指示しますが、ここでは前項ですでに引出線が作図されているため、引出線を作図しない指示方法（ガイドライン上を指示）を行っています。そうしないと、引出線が2本重なることになってしまいます。

**03** 寸法終点位置として、図形頂点を🖱（右）。

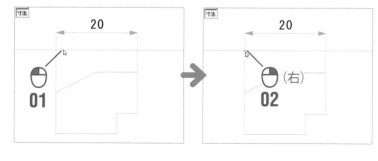

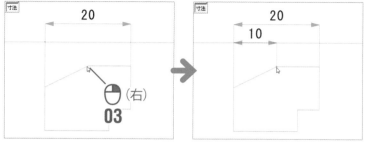

**注意** 同じガイドライン上に連続して寸法を記入する場合は、ここでの例のように、コントロールバー「リセット」を行わないで、続けて次の寸法終点指示に移行します。

**04** 連続する次（最後）の寸法終点位置として、図の交点を🖱（右）（引出線を作図しない指示方法）。

**05** リセットする。

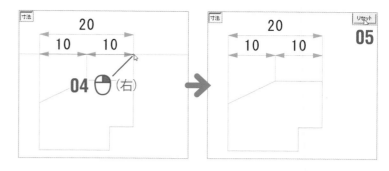

---

続けて、前項と同様にして、右辺部に垂直寸法の全体および部分を2段に分けて記入します。

**01** コントロールバー「傾き」に「90」をキー入力する。

**情報** 「傾き」ボックス右の「0°/90°」ボタンを🖱すると、「傾き」ボックスが「90」になります。

**02** 全体の寸法線を作図する位置を任意に🖱。

**03** 寸法始点位置として、図形頂点を🖱（右）。

**注意** 垂直寸法記入時の位置指示は、下から上への順番で🖱してください。逆に上から下へ指示すると寸法端部の矢印の向きが変わってしまいます。

**04** 寸法終点位置として、図形頂点を🖱（右）。

**05** リセットする。

**06** 2段目の部分の寸法線を作図する位置を任意に🖱。

**07** コントロールバーの端部ボタンを「端部−く」に設定する。

**08** 寸法始点位置として、図の交点を🖱（右）。

**09** 寸法終点位置として、図形頂点を🖱（右）。

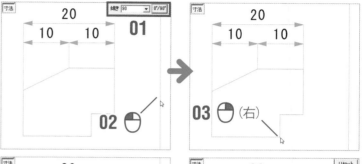

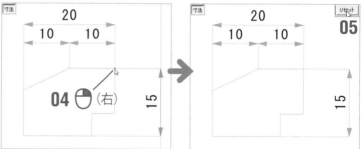

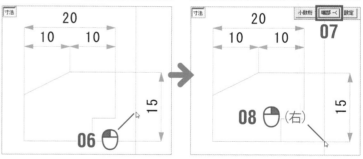

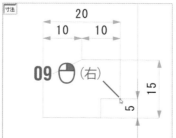

**情報** 「端部−く」に設定すると、図のように矢印が寸法の内側を向き合う形になります。矢印寸法を記入するスペースが狭い場合に選択します。

第3章　練習ドリルによる作図練習

**10** コントロールバーの端部ボタ
ンを「端部->」に設定する。

**11** 連続する次（最後）の寸法終点
位置として、図の交点を🖱（右）。

**12** リセットする。

---

続けて、斜辺に寸法を記入します。
斜辺の傾きがわからないとできない
ので、まず、斜辺の傾きを調べます
（取得します）。

**01** ツールバー「線角」（「線角度取
得」コマンド）を🖱。

**情報** 「線角度取得」コマンドは、他の
コマンド実行中でも一時割り込み
実行ができます。作図済みの斜線
の角度を調べたい（取得したい）
ときに使います。

**02** 角度を調べたい（取得したい）
線を🖱。

**03** 角度が取得され、コントロー
ルバー「傾き」に斜辺の傾き（角
度）「26.565051…」が自動入力
されることを確認する。

**04** コントロールバー「小数桁 1」
に設定する。

**05** 寸法線を作図する位置を任意
に🖱。

**06** 寸法始点位置として、図形頂
点を🖱（右）。

**07** 寸法終点位置として、図形頂
点を🖱（右）。

**08** リセットする。

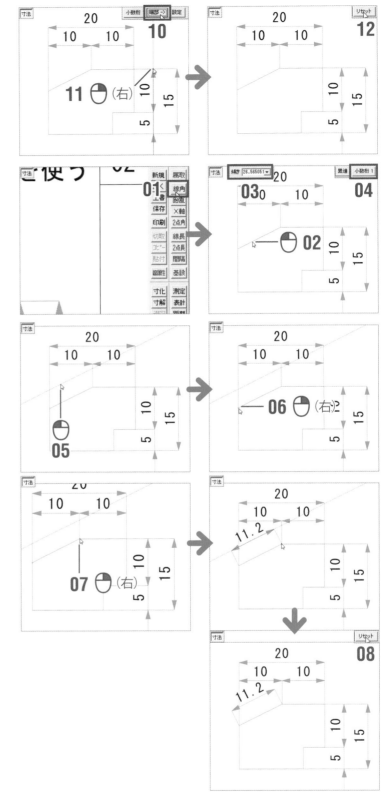

# 課題 02-08

課題「02-08」部分を拡大してください。

円弧（円周）に円周寸法を記入します。ここでは、作図済みの円弧上の等分割点間に記入します。

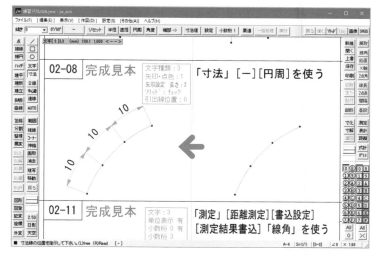

作図済みの円弧の等分割点間に、円周寸法を記入します。

**01** ツールバー「寸法」を🖱。

**02** コントロールバー「－」に設定する。

**03** コントロールバー「円周」を🖱。

**04** 円弧を🖱。

**05** 寸法線を作図する位置を任意に🖱。

**06** 寸法始点位置として、円弧端点を🖱（右）。

> **注意** 円周の寸法（円弧寸法）は、必ず反時計まわりに指示します。

**07** 寸法終点位置として、一番近い円弧等分割点を🖱（右）。

**08** 連続する次の寸法終点位置として、隣の円弧等分割点を🖱（右）。

**09** 連続する次（最後）の寸法終点位置として、隣の円弧等分割点を🖱（右）。

**10** リセットする。

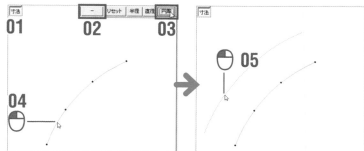

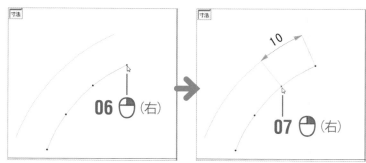

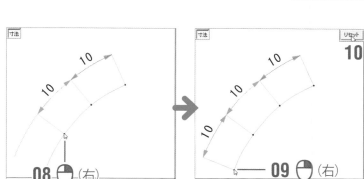

第3章 練習ドリルによる作図練習

# 課題 02-09

課題「02-09」部分を拡大してください。

角度線（交差する2本の線）間に角度寸法を記入します。

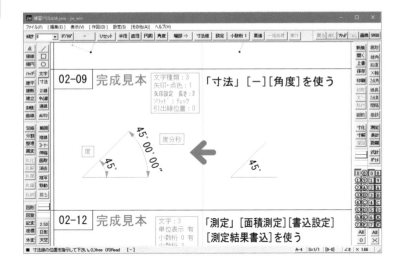

作図済みの角度線（交差する2本の線）間に、角度寸法を記入します。

**01** ツールバー「寸法」を🖱。

**02** コントロールバー「設定」を🖱。

**03** 「寸法設定」ダイアログが開くので、「角度単位」の「度（°）」に • を付け、「OK」を🖱（それ以外の項目はそのまま）。

**04** コントロールバーの寸法種類ボタンを「－」に設定する。

**05** コントロールバー「角度」を🖱。

**06** 角度線の頂点（原点）を🖱（右）。

**07** 寸法線を作図する位置として内角側の任意位置を🖱。

**08** 寸法の始点位置として、図の交点を🖱（右）。

**注意** 角度の寸法は、必ず反時計まわりに指示します。

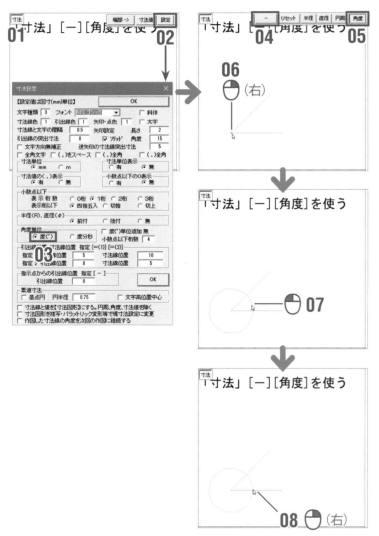

**09** 寸法の終点位置として、図の交点を🖱(右)。

**10** リセットする。

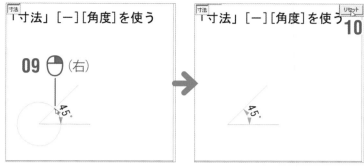

続けて、同様にして角度寸法を記入しますが、角度単位だけを変更して「度分秒」表示にします。

**01** 再び「寸法設定」ダイアログを開き、「角度単位」の「度分秒」に ● を付け替え、「OK」(それ以外の項目はそのまま)。

**02** コントロールバー「角度」を🖱。

**03** 角度線の頂点(原点)を🖱(右)。

**04** 寸法線を作図する位置として内角側の任意位置を🖱。

**05** 寸法の始点位置として、図の線端点を🖱(右)。

（注意）角度の寸法は、必ず反時計まわりに指示します。

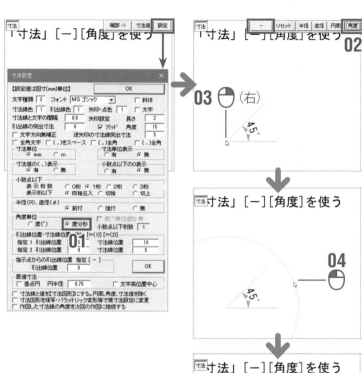

**06** 寸法の終点位置として、図の線端点を🖱(右)。

**07** リセットする。

## 課題 02-10

面取りされた長方形の頂点内側に半径（R）寸法を記入します。

課題「02-10」部分を拡大してください。

作図済みの面取りされた長方形の角に、半径（R）寸法を記入します。

**01** ツールバー「寸法」を🖱。

**02** コントロールバー「設定」を🖱。

**03** 「寸法設定」ダイアログが開くので、「半径（R）、直径（φ）」の「前付」に ● を付け、「OK」を🖱（それ以外の項目はそのまま）。

**04** コントロールバー「半径」を🖱。

**05** コントロールバー「傾き」に「45」をキー入力する。

**06** 長方形の角付近の線を🖱。

**07** 長方形の別の角付近の線を🖱。

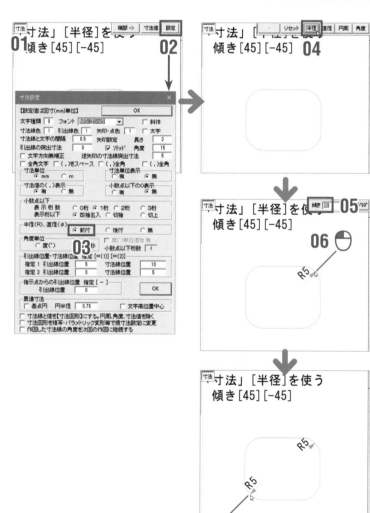

続けて同様にして、長方形の別の角に半径（R）寸法を記入します。

**01**　コントロールバー「傾き」に「−45」をキー入力する。

**02**　長方形の角付近の線を🖱。

**03**　長方形の別の角付近の線を🖱。

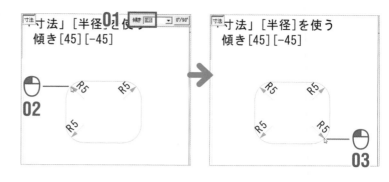

## 課題 02-11

課題「02-11」部分を拡大してください。

作図済みの線の寸法を測定して、記入します。

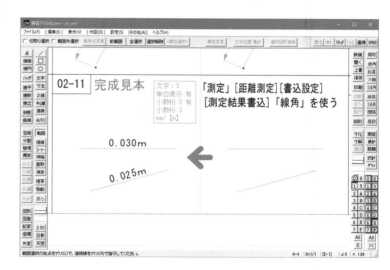

作図済みの線の寸法を測定し、線に沿って記入します。

**01**　ツールバー「測定」を🖱。

**02**　コントロールバー「距離測定」を🖱し、「書込設定」を🖱。

**03**　コントロールバーの「文字 ○」を何度か🖱して「文字 3」に切り替え、「OK」を🖱。

**04**　コントロールバー「mm/【m】」「小数桁 3」を確認する。

**05**　測定する線の始点として、水平線の左端点を🖱（右）。

**06**　測定する線の終点として、水平線の右端点を🖱（右）。

**07**　コントロールバー「測定結果書込」を🖱。

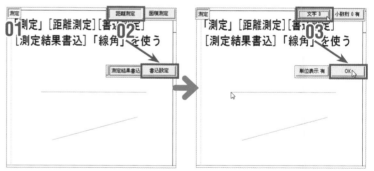

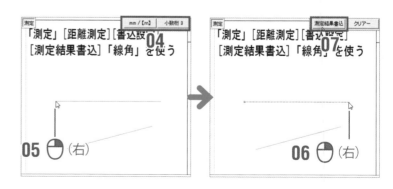

第3章

練習ドリルによる作図練習

**08** 測定結果を記入する位置を適当に🖱。

**09** コントロールバー「クリアー」を🖱。

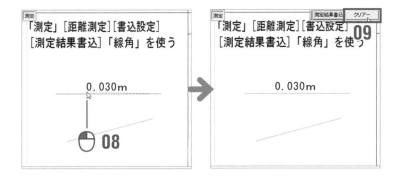

続けて同様にして、別の線も寸法を測定して、結果を記入します。

**01** 測定する線の始点として、斜線の左端点を🖱（右）。

**02** 測定する線の終点として、斜線の右端点を🖱（右）。

**03** コントロールバー「測定結果書込」を🖱。

**04** 測定結果を記入する位置を適当に🖱。

**05** コントロールバー「クリアー」を🖱。

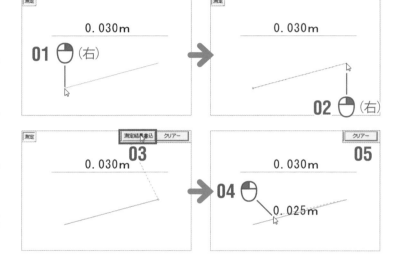

記入した数字の傾きが斜線と合わないので、「文字」コマンドと「線角度取得」コマンド（➡p.74）を使い、整えます。

**01** ツールバー「文字」を🖱。

**02** 傾きを変える文字を🖱で選択する。

**03** ツールバー「線角」を🖱。

**04** 斜線を🖱。

**05** 「0.025m」という文字が斜線の角度と同じになり、そのことを示す枠が表示されるので、任意の記入位置を🖱。

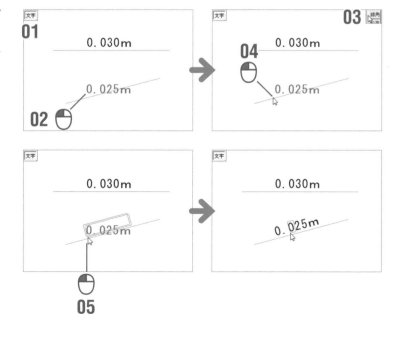

## 課題 02-12

課題「02-12」部分を拡大してください。

作図済みの図形の面積を測定して、記入します。

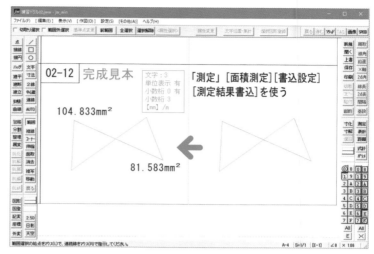

作図済みの線で囲まれた範囲の面積（ここでは三角形）を測定し、適当な位置に記入します。

**01** ツールバー「測定」を🖱。

**02** コントロールバー「面積測定」を🖱。

**03** コントロールバー「【mm】/ m」「小数桁3」を確認（設定）する。

**04** 測定する図形の最初の頂点として、図の頂点を🖱（右）。

**05** 測定する図形の隣の頂点として、図の頂点を🖱（右）。

**06** 測定する図形の隣の頂点として、図の頂点を🖱（右）。

**07** コントロールバー「測定結果書込」を🖱。

**08** 測定結果を記入する位置を🖱。

**09** コントロールバー「クリアー」を🖱。

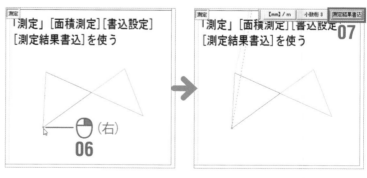

第3章 練習ドリルによる作図練習

続けて前項と同様にして、図の範囲の面積を測定し、適当な位置に記入します。

**01** 測定する図形の最初の頂点として、図の交点を🖱（右）。

**02** 測定する図形の隣の頂点として、図の頂点を🖱（右）。

**03** 測定する図形の隣の頂点として、図の頂点を🖱（右）。

**04** コントロールバー「測定結果書込」を🖱。

**05** 測定結果を記入する位置を🖱。

**06** コントロールバー「クリアー」を🖱。

完成したので、適宜、ツールバー「上書」を🖱して上書き保存（➡p.31）してください。

以上で、「練習ドリル02」および第3章の学習はすべて終了です。

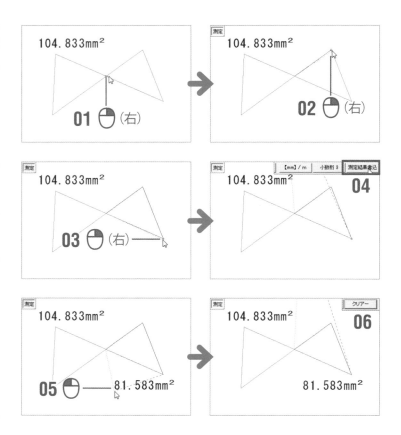

# 第4章

# 土木製図の準備
## 図面枠と表題欄を作図

第5章からの土木製図の作図に備えて、作図する図面を準備します。用紙サイズ・縮尺・線属性・レイヤを設定し、表題欄付き図面枠を作図します。

# Section 1 用紙サイズ・線属性・レイヤ・縮尺を設定

第2章で保存した図面ファイル「課題.jww」（作図練習する場合は付録CDからコピーした「図面枠00.jww」）を使い、用紙サイズ・線属性（線色：線の太さ、線種：線の種類）・図をかき分けるレイヤ・縮尺の設定を行います。

## 用紙サイズを設定

第2章で保存した図面ファイル「課題.jww」（作図練習する場合は付録CDからコピーした「図面枠00.jww」）を開き、用紙サイズをA4判（横置き）に設定します。

**01** Jw_cadを起動して、第2章で保存した図面ファイル「課題.jww」（作図練習する場合は「C：」ドライブ→「jww」フォルダ→「練習ファイル」フォルダ→「第4章」フォルダの「図面枠00.jww」）を開く（図面ファイルを開く➡p.32）。

CD 第4章フォルダ → 図面枠00.jww

**02** ステータスバーの用紙サイズボタン（➡p.27）を🖱して、開くメニューから「A−4」を🖱してチェックを付ける。

注意 ボタンが最初から「A−4」になっていれば、確認するだけでOKです。

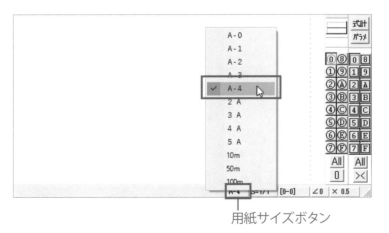

用紙サイズボタン

以上で、作図ウィンドウにA4判に合わせた用紙枠が薄いピンク色の点線で表示されます。この枠内に作図したデータが印刷できます。

注意　土木図面およびパソコンのディスプレイの形態上、用紙の縦置き表示はできません。

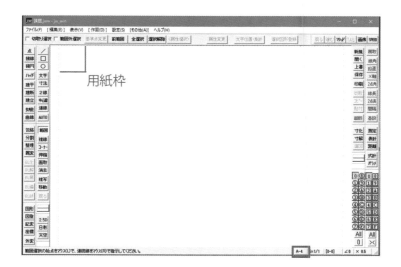

## 線属性を設定

前項に続けて、図面ファイル「課題.jww」に「線属性」を設定します。「線属性」はJw_cad独特の機能で、パソコン（CAD）のディスプレイ上で作図する線をかき分ける仕組みです。

### ● Jw_cadの線属性とは

土木製図では、線の太さと種類を用途で使い分けますが、パソコン（CAD）のディスプレイ上で線の太さに明確な差を出すと、近い線どうしがくっついて見づらくなります。

そこでJw_cadでは、線の太さを線の色で区別するようにしています。線の太さと色を対応させることで、画面上で色分けした線が、紙に印刷すると設定した太さに置き替えられます。

Jw_cadでは、線の色を「線色」、線の種類を「線種」、まとめて「線属性」と呼びます。

### ● 本書で使用する線属性

Jw_cadで標準で扱える線色は、線色1 ～ 8・補助線色で、合計9種類です。線種は、実線・点線・鎖線・補助線種の9種類、ランダム線の5種類、倍長線種の4種類で、合計18種類です。

手がき製図の場合は極細線を使用します。極細線は下がきに使う極めて薄い線で、製図の目安線（ガイド線）にします。Jw_cadでは、図面を印刷しても印刷されない補助線色・補助線種がそれに該当します。第5章以降の作図で使用する線色と線種は下表のとおりで、表に合わせて線色と線種を設定します。この表にない線色と線種は使用しません。

| 線　　色 | 太さの位置づけ | 太さの比 | CAD設定線幅 | 線　　種 | 実例イメージ | 図　面　で　の　用　途 |
|---|---|---|---|---|---|---|
| 線　色1 | 細　　線 | 1 | 1 | 実　　線 | ——— | 姿線、寸法線、寸法補助線、引出線、その他 |
| | | | | 一点鎖1 | — — — | 通り芯（中心線）、基準線 |
| 線　色7 | | | | 実　　線 | ——— | 姿線（本書では既存地形の線） |
| 線　色2 | 太　　線 | 2 | 4 | 実　　線 | —— | 外形線、断面線、輪郭線 |
| 線　色8 | | | | | —— | 本書では計画道路の平面および断面線 |
| 線　色6 | 極　太　線 | 4 | 8 | 実　　線 | —— | 鉄筋、薄肉部を単線で明示する線、特別な線 |
| 線　色5 | 超極太線 | 8 | 12 | 実　　線 | —— | 図面枠の線 |
| 補助線色 | 極　細　線 | 1 | —— | 補助線種 | ………… | 印刷されない補助線 |

本書の製図で使用する線色（線の太さ）と線種（線の種類）の対応

**01** ツールバー「基設」(➡p.29) を 🖱。

**02** 基本設定のダイアログの「色・画面」タブで、前ページの表に合わせ、「プリンタ出力 要素」の「線幅」の赤枠部分を設定する(数値入力)。

**注意** 「線幅：600dpi」は設定済みです (➡p.30)。

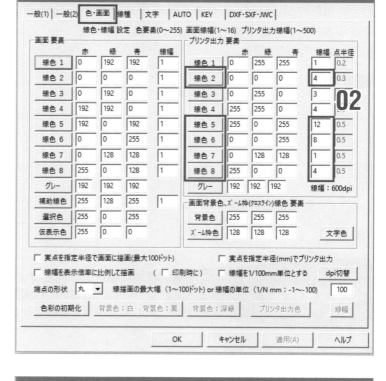

**03** ダイアログを「線種」タブに切り替え、「プリンタ出力」の「ピッチ」の赤枠部分を設定する(数値入力)。

**04** 「OK」して、ダイアログを閉じる。

実際に作図するときは、「線属性」バーを🖱して開く「線属性」ダイアログ(➡p.27、95)で、作図する線の線属性を選択します。
その方法については、第5章以降の作図する場面で解説します。

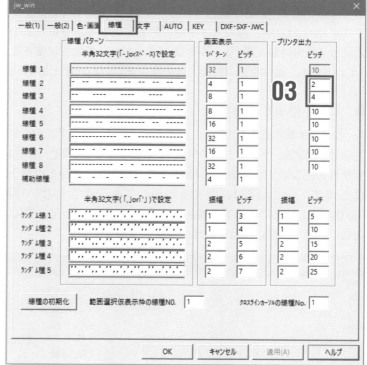

## レイヤを設定

前項に続けて、図面ファイル「課題.jww」に「レイヤ」および「レイヤグループ」を設定します。レイヤとは、図面を各要素に分類してかき分ける仕組みです。

### ● レイヤとは

「レイヤ」(Layer)とは「層」の意味で、CADでは「画層」とも呼びます。CADによる土木製図では、図面全体を一定のルールに基づいて要素別に分類してかきます。レイヤは透明な作図シートに該当し、分類した図面の各要素を別々のレイヤにかき分け、それらを何層にも重ねて1枚の全体図面に見立てる仕組みです。
レイヤ分けは必須ではありませんが、レイヤ分けにより、図面の作図や編集時には必要な要素だけを作図対象にでき、作業効率が大きく向上します。本書でもレイヤを駆使します。

### ● Jw_cadのレイヤ機能について

Jw_cadには「レイヤ」と「レイヤグループ（下図では「グループと略称」）」という2種類の機能があり、16のレイヤグループがそれぞれ16のレイヤを管理できるので、合計で16×16＝256のレイヤに図面の各要素を分類作図することができます。
以下に、Jw_cadのレイヤ構成をイメージ図で示します。図ではレイヤグループごとに分けて表現していますが、256のレイヤをすべて重ねて見ることもできます。

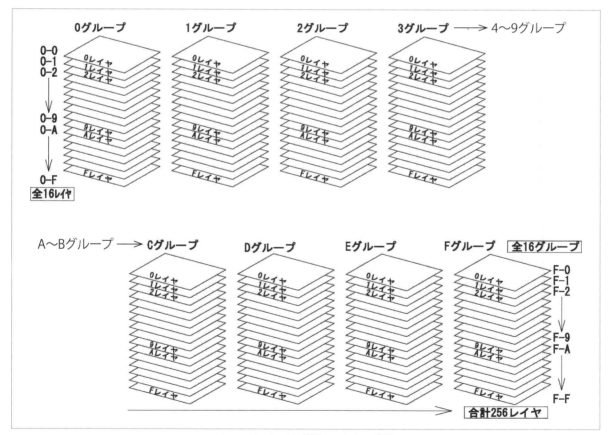

Jw_cadのレイヤ機能のイメージ図

図面の種類によっては各要素ごとに縮尺（尺度）を変える場合があります。Jw_cadではレイヤグループごとに図面の縮尺を変えることができるため容易に対応できます。これがレイヤグループの存在意義です。

● **本書の第5章で作図する土木製図の図面ファイルのレイヤ構成**（第6章は該当ページで説明）

これから作図する図面を管理しやすいよう、前項まで設定してきた図面ファイル「課題.jww」のレイヤを設定します。レイヤグループごとに縮尺を変え、それぞれレイヤ分けをして、レイヤグループおよびレイヤの番号ごとに名前を付けます。具体的には下表のとおりに設定します。CADでのレイヤ分けは製図するうえでたいへん重要なので、ご自分で設定する場合は、以降の解説に従い正確に行ってください。

| 章 | 図　面　名 | 縮尺 | レイヤグループ | レイヤグループ名 | レイヤ | レイヤ名 |
|---|---|---|---|---|---|---|
| 5 | 上ぶた式U形側溝（600）エ<br>L形側溝（1-300）エ | 1/10 | 0 | 1/10図面 | 0 | 断面 |
| | | | | | 1 | 寸法 |
| | 逆T形擁壁 | 1/40 | 1 | 1/40図面 | 0 | 断面 |
| | | | | | 1 | 寸法 |
| | | | | | 2 | 説明 |
| 4 | 図面枠・表題 | 1/1 | F | 図面枠・表題欄 | 0 | （なし） |

本書の製図で使用する図面のレイヤ構成

● **レイヤグループとレイヤの状態（表示と切り替え）**

レイヤグループとレイヤには4つの状態（➡次ページの表）があり、レイヤグループバー・レイヤバー・書込レイヤボタン（➡p.27）には現在の状態が表示されています。状態は作図中いつでも切り替えできます（➡次ページの図）。

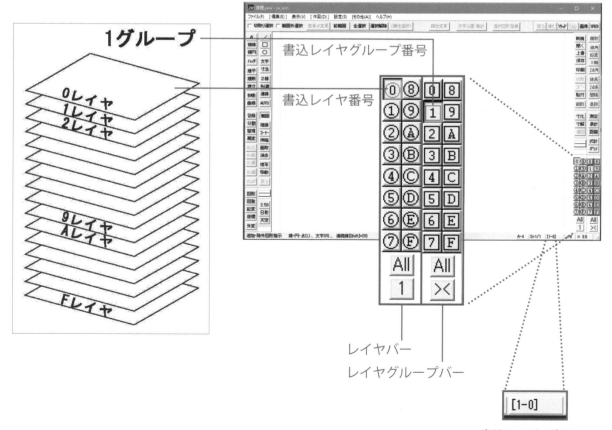

書込レイヤボタン
左がレイヤグループ番号 － 右がレイヤ番号

| レイヤグループ・レイヤの状態 | 内　　容 |
|---|---|
| 書込レイヤグループ・レイヤ | 現在、作図できるレイヤグループ・レイヤ。番号が赤色で囲まれ凹んでいるボタンが書込レイヤグループ・レイヤ。ステータスバーの書込レイヤボタンに表示されている番号が「レイヤグループーレイヤ」を示す。 |
| 編集可能レイヤグループ・レイヤ | 番号が黒色で囲まれているレイヤグループ・レイヤ。このレイヤに作図することはできないが、作図済みの内容の選択、消去、移動・複写などの編集が可能。 |
| 表示のみレイヤグループ・レイヤ | 作図内容が表示されるだけで、作図や編集の対象にならないレイヤグループ・レイヤ。変更はしないが作図内容を見たいレイヤグループ・レイヤを一時的に表示のみレイヤグループ・レイヤに設定するような使い方をする。ただし、印刷と点読取の対象にはなる。 |
| 非表示レイヤグループ・レイヤ | 作図内容が表示されず、作図、編集、印刷、点読取など、一切の対象にならないレイヤグループ・レイヤ。 |
| プロテクトレイヤグループ・レイヤ | 作図済みのデータが変更できないレイヤグループ・レイヤだが、編集可能レイヤ、表示のみレイヤ、非表示レイヤに設定することができる（書込レイヤには設定できない）。設定するとレイヤグループ・レイヤの番号に紫色の「×」（レイヤ状態変更不可）または「／」（レイヤ状態変更可）が付く。表示のみレイヤや非表示レイヤとの違いは、レイヤボタンの🖱だけではプロテクト状態が解除されないため、不用意なマウス操作によるデータを変更してしまうリスクを完全に排除できる点である。設定は「Ctrl」キーと「Shift」キー（または「Ctrl」キー）を押しながらレイヤグループ・レイヤの番号を🖱する。解除は「Ctrl」キーを押しながらレイヤグループ・レイヤの番号を🖱する。 |

レイヤグループ・レイヤの状態

レイヤの状態はバーのボタン操作で切り替えます。書込レイヤ以外のボタンを🖱するたびに編集可能→非表示→表示のみ→編集可能→…と循環で切り替わります。🖱（右）すると1回で書込レイヤに切り替わります。他のレイヤが書込レイヤに指定された時、現在の書込レイヤは自動的に編集可能レイヤに切り替わります。レイヤグループも、ボタンの枠のデザインと一番下のボタンの機能が違うだけで、仕組みは同じです。

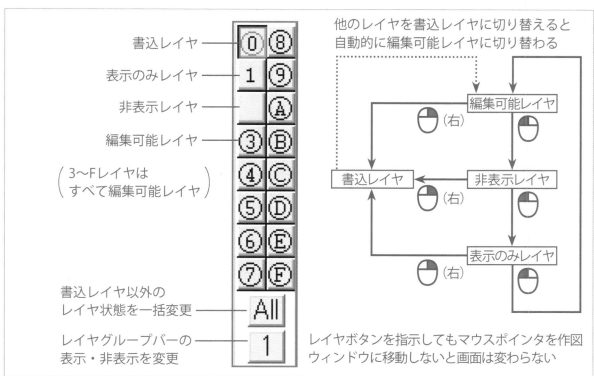

レイヤバーによるレイヤの状態の表示および切り替え方法（レイヤグループも同じ）

## レイヤ名を設定

本書で使用するレイヤグループおよびレイヤ名を設定し、ステータスバーの書込レイヤボタンに、それらが表示されるようにします。

p.88の表に示した本書でのレイヤグループおよびレイヤ構成に則って、レイヤグループ名およびレイヤ名を設定します。また、これらの名前を、ステータスバーの書込レイヤボタンに常に表示されるように設定します。

●

まず、本書で作図する土木図面の3つのレイヤグループ「0」「1」「F」のレイヤグループ名を設定します。

**01** まず、0レイヤグループの名前を設定するので、レイヤグループバーの書込レイヤグループボタン「0」を🖱（右）して、「レイヤグループ一覧」ウィンドウを表示する。

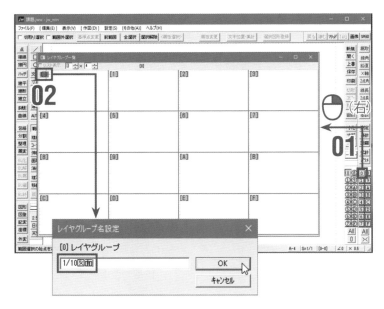

**02** 図の[0]の上を🖱し、開く「レイヤグループ名設定」ダイアログで「1/10図面」と入力し、「OK」を🖱。

以上で、0レイヤグループの名前が「[0] 1/10図面」に設定されます。

**03** 同じ要領で、レイヤグループ「1」「F」の名前も、それぞれ図のように設定する。

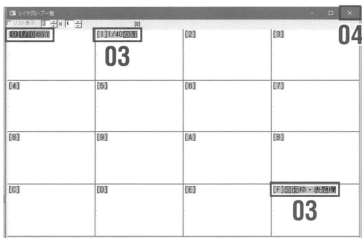

**04** すべての設定が終了したらウィンドウ右上端の ✕ を🖱して閉じる。

以上で、レイヤグループ名の設定は完了です。本書ではこれ以外のレイヤグループは使わないので設定しません。

続けて、前項で設定した3つのレイヤグループ「0」「1」「F」のそれぞれにレイヤ名を設定します。設定の要領はレイヤグループ名の設定と同じです。

**01** まず、0レイヤグループのレイヤ名を設定するので、書込レイヤグループを「0」にした状態で、レイヤバーの書込レイヤボタン「0」を🖱（右）して、「レイヤ一覧」ウィンドウを表示する。

**02** 図の［0］の上を🖱し、開く「レイヤ名設定」ダイアログで「断面」と入力し、「OK」する。

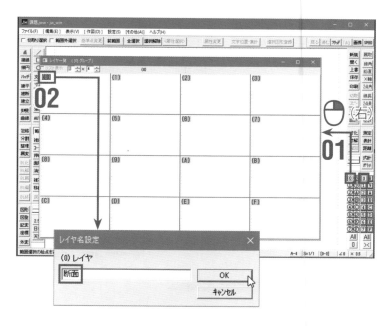

**03** 同じ要領で、1レイヤの名前を「寸法」に設定する。

**04** ウィンドウ右上端の ✕ を🖱して閉じる。

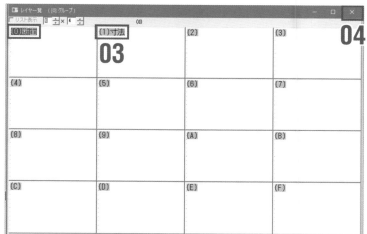

**05** 続けて、1レイヤグループのレイヤ名を設定するので、書込レイヤグループを「1」にした状態で、書込レイヤ「0」を🖱（右）して「レイヤ一覧」ウィンドウを表示し、0レイヤに「断面」、1レイヤに「寸法」、2レイヤに「説明」を入力して設定する。

**06** ウィンドウ右上端の ✕ を🖱して閉じる。

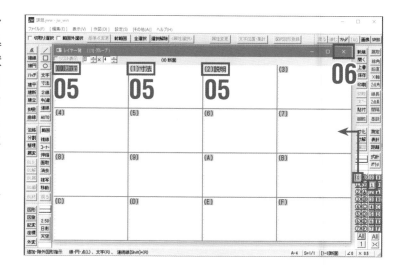

**07** 残りのFレイヤグループのレイヤには名前を設定しないが、書込レイヤグループを「F」にした状態で、書込レイヤ「0」を🖱（右）して「レイヤ一覧」ウィンドウを表示し、確認だけする。

**08** ウィンドウ右上端の ☒ を🖱して閉じる。

以上で、レイヤ名の設定は完了です。

●

ステータスバーの書込レイヤボタンに、書込レイヤグループ名を表示するようにします。

**01** ステータスバーの書込レイヤボタンを🖱する。

**02** 開く「レイヤ設定」ダイアログで、「レイヤグループ名をステータスバーに表示する」を🖱してチェックを付け、「OK」する。

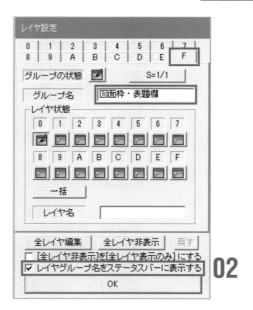

以上で、ステータスバーの書込レイヤボタンに書込レイヤグループ名が表示されるようになります。

現在の書込レイヤは、Fレイヤグループ「図面枠・表題欄」の0レイヤであるという意味
（この場合のレイヤ名は未設定なので表示されていない）

## 縮尺を設定

図面には必ず縮尺を設定します。図面の見やすさや表現力の点から、1つの建築物でも図面の種類に応じて縮尺を変えることがあります。ここでは、3つのレイヤグループの縮尺をそれぞれ異なる縮尺に設定します。

Jw_cadではレイヤグループごとに異なる縮尺を設定することができますが、同じレイヤグループ内の16個のレイヤは同一の縮尺に固定されます。ここでは、レイヤグループ「0」「1」「F」の縮尺をそれぞれ「1/10」「1/40」「1/1」（➡p.88）に設定します。

**01** まず、0レイヤグループの縮尺を設定するので、書込レイヤグループを「0」に設定する。

**02** ステータスバーの縮尺ボタン（➡p.27）を🖱する。

**03** 開く「縮尺・読取　設定」ダイアログで、「縮尺」欄の2つ目の数値入力ボックス（縮尺の分母）に「10」とキー入力し、「OK」する。

以上で、0レイヤグループの縮尺が「1/10」に設定されました。ステータスバーのボタン表示で確認できます。

**04** 続けて同様にして、1レイヤグループの縮尺を「1/40」に設定する。

**05** Fレイヤグループの縮尺は「1/1」に設定するが、「1/1」は初期値なので、「縮尺・読取　設定」ダイアログで確認する。

以上で、すべてのレイヤグループの縮尺の設定は完了です。ここでいったん「課題.jww」（「図面枠00.jww」）のまま上書き保存（➡p.31）しましょう。

💿 第4章フォルダ → 図面枠01.jww

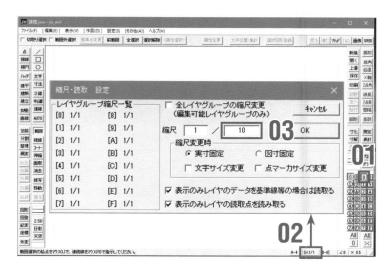

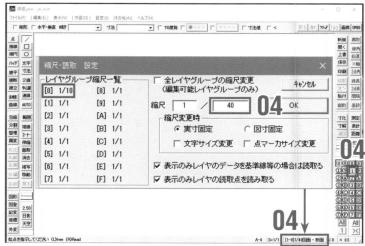

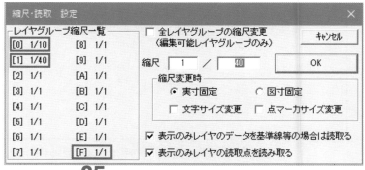

# 図面枠と表題欄を作図

Section 1で設定を終えた図面ファイル「課題.jww」(作図練習する場合は付録CDからコピーした「図面枠01.jww」)を使い、以下に示す図面枠(周縁の黒い線)と表題欄(図面枠右下の表)を作図します。第5章以降では、これに土木製図をかいていきます。

黒色の線と文字が、このSection 2で作図する図面枠と表題欄の完成図例。赤色の線と数字(寸法)は作図練習時の参照用なので図面には作図しません。

ここからは、第3章で練習した作図基本操作や、既出の同様の操作については、原則として解説を割愛していきます。操作に迷う場合は、第3章などの該当ページを復習してください。

なお、これ以降Section 2で行う設定や作図は、練習ファイル「図面枠02.jww」(➡p.100)を使用すれば省略できます。ご都合でご利用ください。

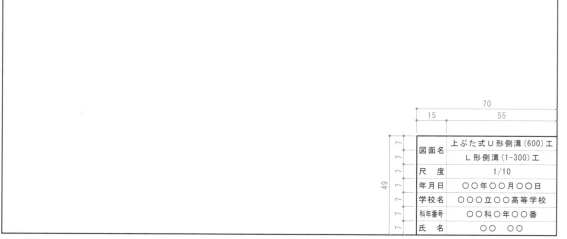

図面枠・表題欄の完成例(赤字は作図参照用の寸法値なので実際には記入しない)

## 図面枠を作図

まず、図面枠を作図します。ここでは、Section 1で設定を終えた図面ファイル「課題.jww」（作図練習する場合は付録CDからコピーした「図面枠01.jww」）を使い、Fレイヤグループの0レイヤに作図します。

**01** Section 1に続けて「課題.jww」（作図練習する場合は「C：」ドライブ→「jww」フォルダ→「練習ファイル」フォルダ→「第4章」フォルダの「図面枠01.jww」）を開く。

**02** 書込レイヤをFレイヤグループの0レイヤにする。

**03** ツールバー「基設」（➡p.29）を🖱し、「jw_win」ダイアログの「一般（1）」タブで、「用紙枠を表示する」のチェックを確認する。

**04** ステータスバーのボタンで、用紙サイズ「A4」、縮尺「1/1」、書込レイヤグループ・レイヤ「[F-0]図面枠・表題欄」を確認する。

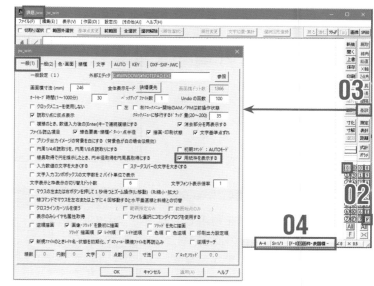

CD 第4章フォルダ → 図面枠01.jww

まず、用紙枠にぴったり重なる矩形（長方形）を補助線（画面表示されるが印刷されないピンク色の点線）で作図します。その線属性を設定します。

**01** 図のように用紙枠が見えるように、画面を図面全体表示にする（➡p.37）。

**02** 線属性バーを🖱する。

**03** 「線属性」ダイアログが開くので、図の「補助線色」と「補助線種」を順次🖱してチェックを付けボタンをくぼませる。

**04** 「Ok」を🖱する。

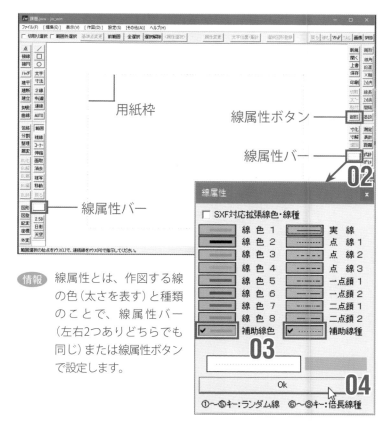

**情報** 線属性とは、作図する線の色（太さを表す）と種類のことで、線属性バー（左右2つありどちらでも同じ）または線属性ボタンで設定します。

**05** ツールバー「□」で、用紙枠の左上頂点を🖱(右)する。

**06** 用紙枠の右下頂点を🖱(右)する。

以上で、図のように、用紙枠にぴったり重なる長方形がかけました。

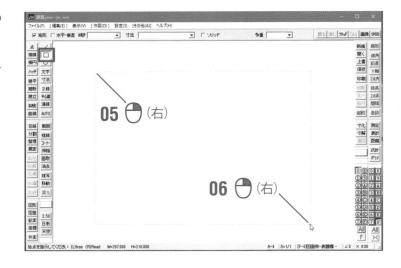

前項06でかいた長方形を利用して、10mm内側に同じ縦横比の長方形をかき、それを図面枠とします。まず、線属性を変更します。

**01** 「線属性」ダイアログで、「線色5」と「実線」を選択する(➡ p.85、95)。

情報 このあと複線してできる線は、ここで線属性を変えた設定で作図されます。

**02** ツールバー「範囲」(「範囲選択」コマンド)で、矩形をかくように始点(頂点)→終点(対角点)を順次指示し(矩形範囲選択。ここでは🖱)、図のように、前項06でかいた長方形全体を包含することで、長方形を選択する。

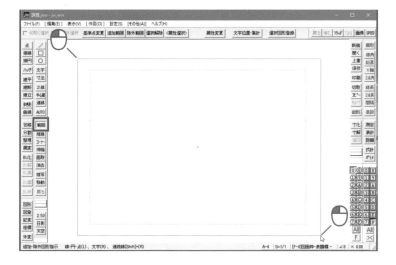

高校生から始めるJw_cad 土木製図入門［Jw_cad 8.10b対応］

**03** ツールバー「複線」(➡p.46)で、「複線間隔」を「10」として、前項06でかいた長方形を10mm内側に複線する。

情報 「複線」コマンドでは、線だけでなく、長方形や円などの図形全体を一度に複線できます。

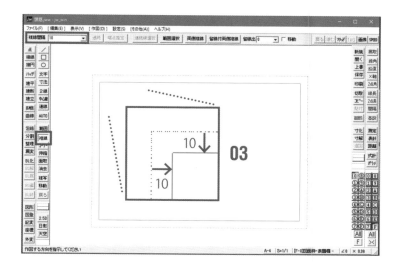

## 表題欄を作図

続けて、表題欄を作図します。

長方形内部の右下部分に、表題欄の枠線をかきます。

**01** ツールバー「複線」(➡p.46)で、前項03で複線した長方形の下辺を、49mm上方に複線する。

**02** 長方形の右辺を、70mm左方に複線する。

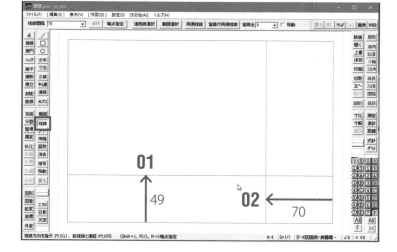

**03** ツールバー「コーナー」(➡p.49)で、02までに複線した2本の線でコーナーをつくるので、まず1本目の対象線を🖱する。

**04** 2本目の対象線を🖱して、図のような角にする。

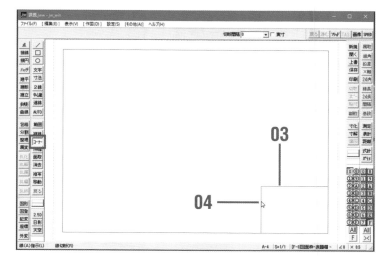

**05** 線属性を「線色1・実線」に切り替えて、04でコーナーにした垂直線の方を15mm右方に複線する。

**06** 同様に、04でコーナーにした水平線の方を7mm下方に複線する。

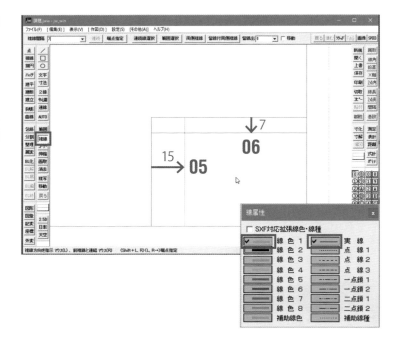

**07** コントロールバー「連続」(➡p.46) を🖱して、06で複線した水平線をあと5本、等間隔で下方に複線する。

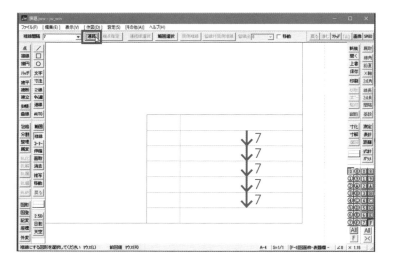

**08** 06で複線した水平線の左部を縮めるため、ツールバー「伸縮」(➡p.50) で、図の位置付近を🖱する。

**09** 縮める先として、図の交点を🖱(右)する。

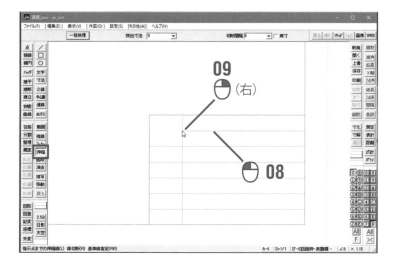

**10** 線属性を「補助線色」「補助線種」にして、ツールバー「／」（➡p.40）で、各枠に2本ずつ対角線をかく。

対角線 ————

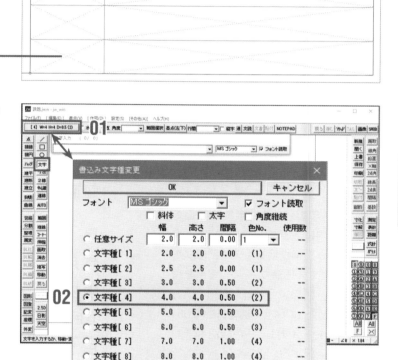

これまでに作図した各枠内に、「文字」コマンドで表題を記入します。まず、文字の仕様を設定します。

**01** ツールバー「文字」で、図のコントロールバーの書込み文字種ボタンを🖱。

**02** 開く「書込み文字種変更」ダイアログで、「文字種[4]」に●を付ける。

(情報) このダイアログは、文字種を選択すると、ただちに自動的に閉じます。

続けて、文字基点（文字列全体を操作するときの基準点）を設定します。

**03** コントロールバーの基点ボタンを🖱。

**04** 「文字基点設定」ダイアログで「中中」に●を付ける。

(情報) このダイアログは、文字基点を選択すると、ただちに自動的に閉じます。

文字種および文字基点が決まったので、各枠内に文字を順次、記入していきます。

**05** 「文字入力」ボックスに、ここでは「図面名」とキー入力する。

**06** 文字列全体の外形を示す文字列枠が赤く表示され、文字基点が「中中」なのでマウスポインタがその中心を指すので、図の対角線交点を🖱（右）。

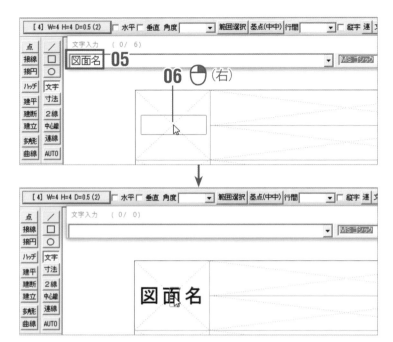

**07** 同様にして、図のように、すべての表題を記入する。

**08** 「科年番号」は文字数の関係で枠内に入り切らないので、「書込み文字種変更」ダイアログを開き、「任意サイズ」に●を付け、図のように、「幅」に「3」、「高さ」に「4」、「間隔」に「0.00」をキー入力し、「色No.」は「2」を選択する。

（情報）ボックスの右端に▼ボタンがある場合は、数値のキー入力の代わりに、🖱して表示される履歴リストから🖱で選択することも入力できます。

以上で図面枠・表題欄の作図は完了です。適宜、保存（➡p.31）してください。次の第5章からは、ここで作図した「課題.jww」（「図面枠02.jww」）を土木製図用に調整した「課題01.jww」を開き、本書の主題である土木製図の作図を始めます。

第4章フォルダ → 図面枠02.jww

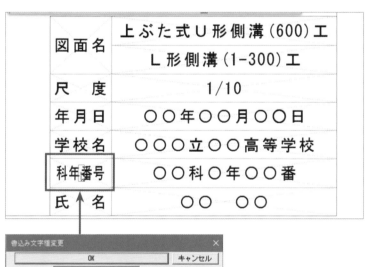

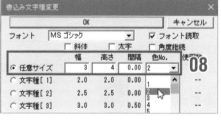

# 第5章

# 土木製図を作図

土木製図の作図練習として、上ぶた式U形側溝およびL形側溝、逆T形擁壁を作図します。

## Section 1

### 〈課題1〉
# 上ぶた式U形側溝および L形側溝を作図

第5章で作図する道路用の既製コンクリート製品「上ぶた式U形側溝」および「L形側溝」の断面図について、その仕様および製図のポイントを示します。

《 **製図のポイント** 》

◉ 断面線は太線の実線で作図します。本書では、太線を線色2で設定しています。

◉ 鉄筋の姿線は、極太線の実線で作図します。本書では、極太線を線色6で設定しています。ただし、奥に見える姿線は極太線の点線2とします。

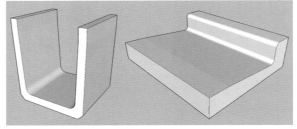

上ぶた式U形側溝（600）　　　　L形側溝（1-300）

◉ 寸法線・寸法引出線・寸法端部記号・説明文の引出線は、細線の実線で作図します。本書では、細線を線色1で設定しています。

◉ 鉄筋の断面線は、細線の実線で作図し、内部をソリッド図形で塗りつぶします。

◉ 文字の大きさは、寸法値は文字種[3]、説明文は文字種[4]と文字種[6]で作図します。

◉ レイヤ設定は、右表のとおりです。

| レイヤグループ | レイヤグループ名 | 縮尺 | レイヤ | レイヤ名 |
|---|---|---|---|---|
| 0 | 1/10図面 | 1/10 | 0 | 断面 |
| | | | 1 | 寸法 |

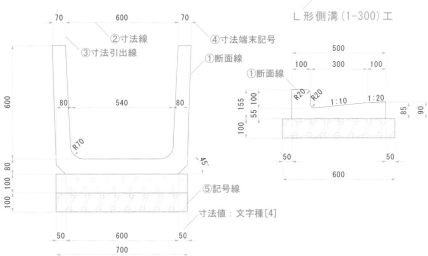

上ぶた式U形側溝（600）工

図面タイトル：文字種[6]

L形側溝（1-300）工

＜線属性の凡例＞

①断面線　実線（線色2、実線）

②寸法線　実線（線色1、実線）

③寸法引出線　実線（線色1、実線）

④寸法端末記号　実線（線色1、実線）

⑤記号線　実線（線色1、実線）

完成例 → p.11

〈課題1-1〉
# 上ぶた式U形側溝を作図

上ぶた式U形側溝を作図します。

## U形側溝の断面図を作図

第4章で各種設定を行い、図面枠・表題欄を作図した「課題.jww」を、この第5章での土木製図の作図用に調整した「課題01.jww」を使い、まず上ぶた式U形側溝の断面図を作図します。
実際の作図練習では、「課題01.jww」を開いて、別の名前で新規保存し直し、作図練習用の図面ファイルとすることをお勧めします。

**01** 「C:」ドライブ→「jww」フォルダ→「練習ファイル」フォルダ→「第5章」フォルダの「課題01.jww」を開き、適当な別の名前を付けて新規保存する(➡p.31)。

**CD** 第5章フォルダ → 課題01.jww

**02** レイヤグループ「0」−レイヤ「0」に設定する(➡p.88)。

**03** 線属性を「線色2・実線」に設定する(➡p.85、95)。

最初に、上ぶた式U形側溝の断面図を作図します。

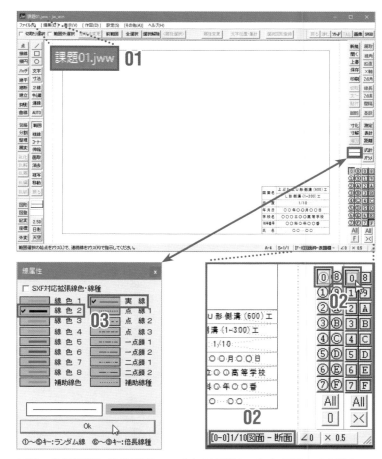

以降、作図練習に使う図面ファイルの管理は、各自で行ってください。付録CDには、それぞれ作図局面における途中経過図面ファイルを用意しました。「jww」フォルダ→「練習ファイル」フォルダにコピーした該当の図面ファイルを適宜、ご利用ください。

第5章 土木製図を作図

U形側溝の緒線の基準線とする水平線を、5本かきます。1本かいて、他は複線します。

**01** ツールバー「／」の「水平・垂直」（➡p.40）で、図の付近に適当な水平線をかく。

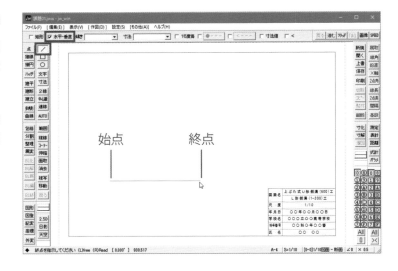

**02** ツールバー「複線」（➡p.46）で、それぞれの複線間隔で、上側に順次、複線する（計4本）。

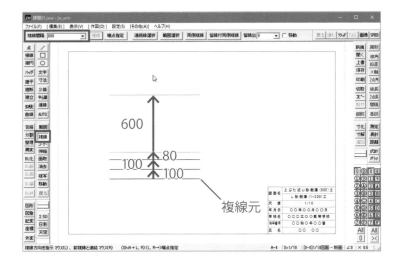

前項でかいた水平線の下側3本を貫く、2本の垂直線をかきます。1本かいて、もう1本は複線します。

**01** ツールバー「／」の「水平・垂直」（➡p.40）で、図の付近に適当な垂直線をかく。

**02** 01でかいた垂直線を、ツールバー「複線」(➡p.46)の複線間隔「700」で、右側に複線する。

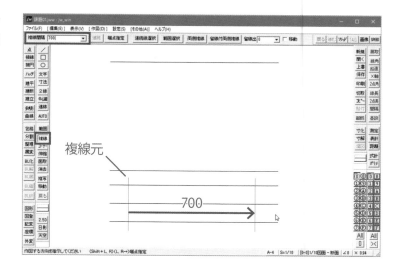

これまでにかいた線の一部を使って、長方形を1つ作ります。

**01** ツールバー「コーナー」(➡p.49)で、2本の対象線(ここでは左上部)を順次🖱して、交点を角にする。

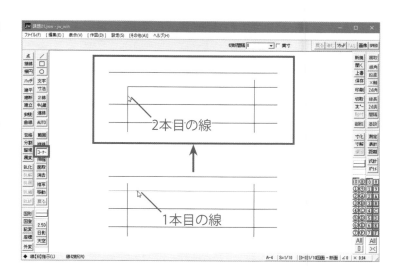

**02** 同様にして、他の3カ所もコーナー処理し、角にする。

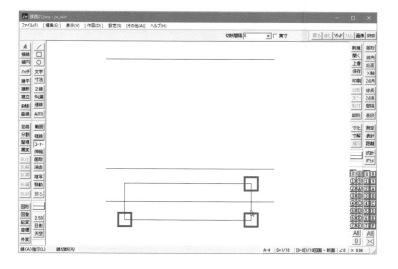

第5章

土木製図を作図

長方形の中央を貫いている水平線を
縮めて、長方形内部に納めます。

**01** ツールバー「伸縮」(➡p.50) で、
縮める水平線を、長方形の内
部で🖱。

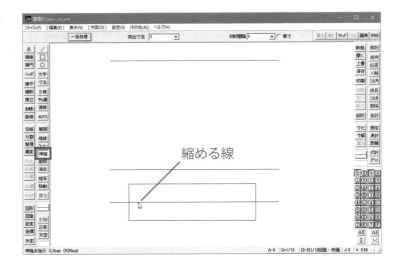

縮める線

**02** 縮める先として、長方形の左
辺側交点を🖱(右)。

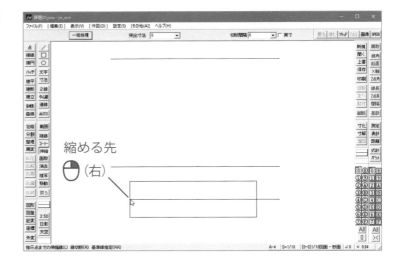

縮める先
🖱(右)

**03** 同様にして、縮める水平線を
長方形の内部で🖱してから、縮
める先として長方形の右辺側
交点を🖱(右)。

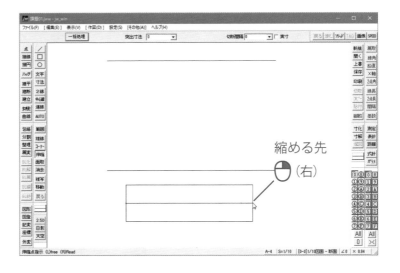

縮める先
🖱(右)

これまでにかいた線や長方形を垂直に2等分する垂直線をかきます。補助線とするので、線属性を切り替えます。

**01** 線属性を「補助線色・補助線種」に設定する（➡p.85、95）。

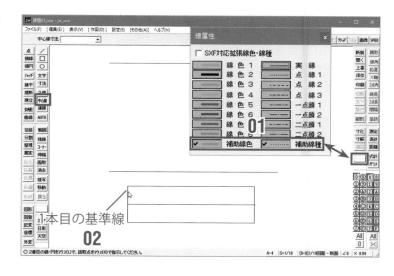

**02** ツールバー「中心線」（➡p.53）で、かきたい中心線の1本目の基準線として、図の垂直線を🖱。

**03** 中心線の2本目の基準線として、図の垂直線を🖱。

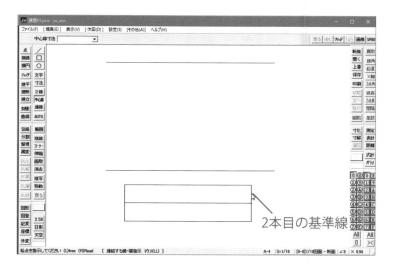

**04** 中心線の始点にする任意位置→終点にする任意位置を、順次🖱。

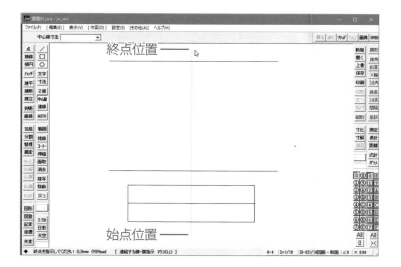

第5章

土木製図を作図

前項でかいた垂直線を基準にして、左右に2線をかきます。

**01** ツールバー「2線」（➡p.48）で、2線の間隔を「300,300」にして、かきたい2線の基準線として、垂直線を🖱。

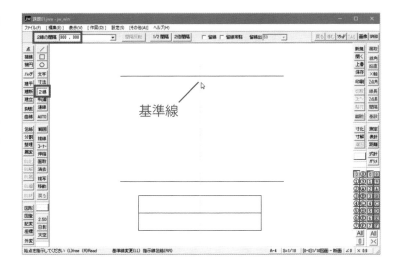

基準線

**02** 2線の始点とする位置として、垂直線上端点を🖱。

始点位置

**03** 2線の終点とする任意の位置として、図の付近で🖱。

**注意** 2線の間隔（基準線からの距離）は固定なので、終点指示時のマウスポインタは、終点位置の指示になります。

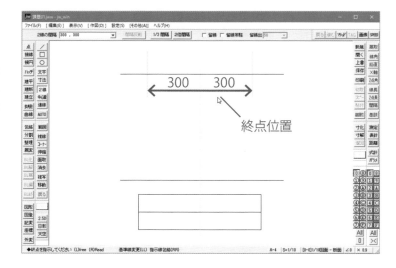

300　300

終点位置

前項でかいた2線を、それぞれ外側に複線します。

**01** ツールバー「複線」（➡p.46）で、前項でかいた左側の垂直線を、左側に70の間隔で複線する。

**02** 同様にして、前項でかいた右側の垂直線を、右側に70の間隔で複線する。

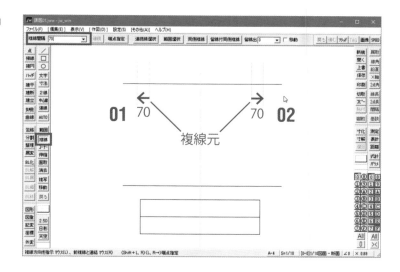

同様にして、図の下側にも補助線を作図します。

**01** ツールバー「2線」（➡p.48）で、2線の間隔を「270 , 270」にして、かきたい2線の基準線として、垂直線を🖱。

**02** 2線の始点とする位置として、図の付近を🖱し、続けて2線の終点とする任意位置として、図の付近を🖱。

**注意** 始点と終点は、水平線を横切ればだいたいの位置でOKです。

**03** ツールバー「複線」（➡p.46）で、02でかいた2線を、それぞれ外側に80の間隔で複線する。

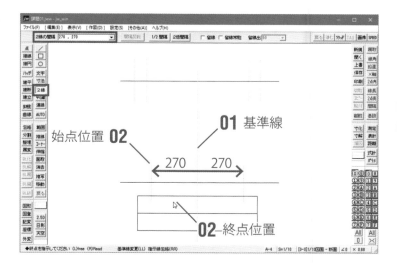

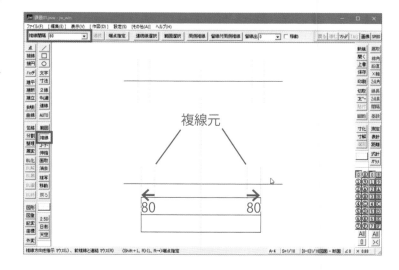

第5章 土木製図を作図

前項でかいた補助線を利用して、交点間を結ぶ斜線をかきます。

**01** 線属性を「線色2・実線」に設定する（➡p.85、95）。

**02** ツールバー「／」の「水平・垂直」（➡p.40）のチェックを外し、図の2カ所の交点を結ぶ斜線をかく。

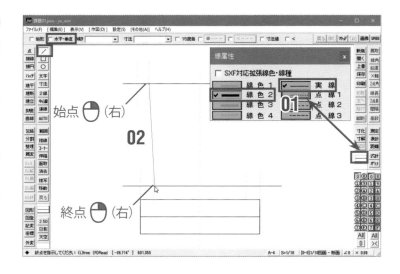

**03** 同様にして、図の斜線をかく。

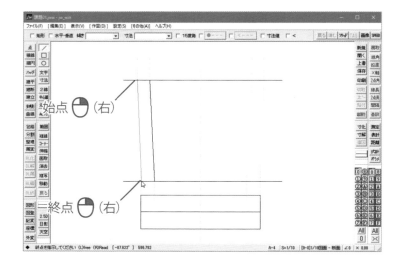

**04** 同様にして、図の2本の斜線をかく。

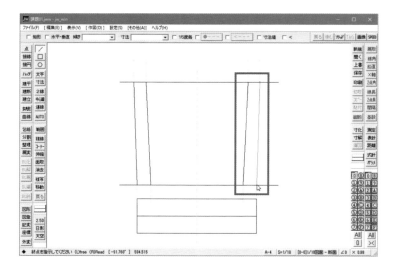

水平線と斜線の交点ではみ出している線端部を整えます。

**01** ツールバー「伸縮」(➡p.50)で、図の水平線端部を縮めて整える。

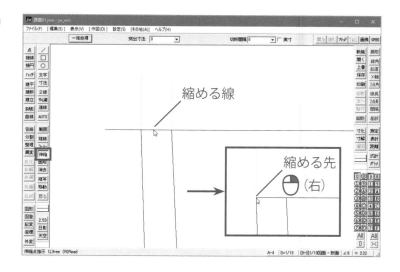

**02** 同様にして、図の水平線端部も縮めて整える。

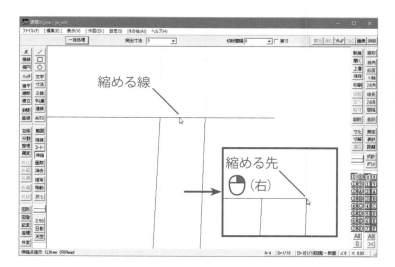

**03** 同様にして、前項でかいた斜線の下端部も、水平線端部を縮めて整える。

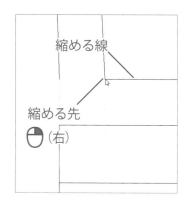
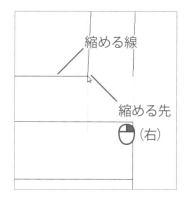

前項で整えた部分をさらに加工し、U
形側溝の上端部断面として整えます。

**01** ツールバー「消去」(➡p.52) で、
部分消去する図の水平線を🖱。

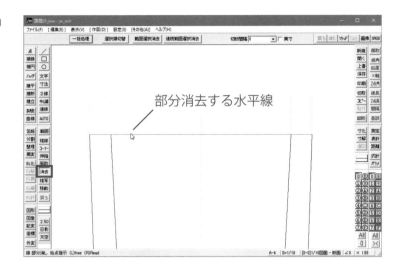

部分消去する水平線

**02** 部分消去の始点として、図の
交点を🖱(右)。

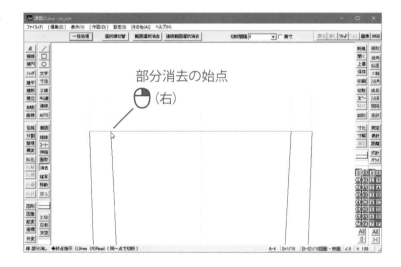

部分消去の始点
🖱(右)

**03** 部分消去の終点として、図の
交点を🖱(右)。

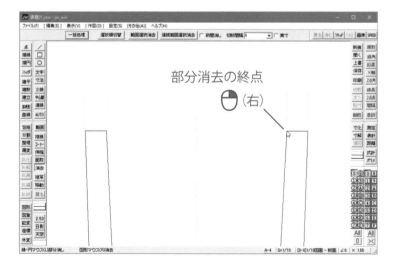

部分消去の終点
🖱(右)

必要な線を追加していきます。

**01** 線属性を「補助線色・補助線種」に設定する（➡p.85、95）。

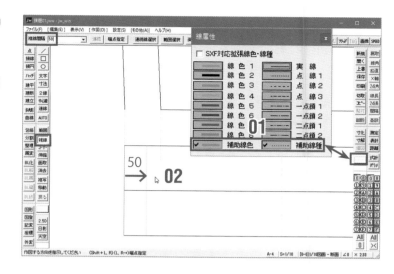

**02** ツールバー「複線」（➡p.46）で、図の垂直線を、右側に50の間隔で複線する。

**03** 同様にして、図の垂直線を、左側に50の間隔で複線する。

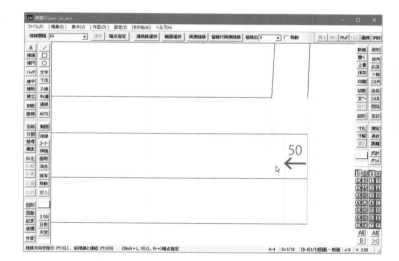

「点」コマンドを使い、U形側溝の内部底面角部分に ● を打ちます。
「点」コマンドはこれまで学習していませんが、ここでは、コマンドを選択して、目的の位置を指示するだけです。

**01** ツールバー「点」で、2カ所を順次🖑（右）。

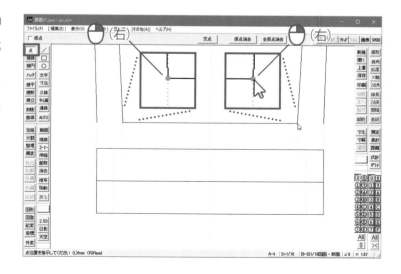

U形側溝の下部に45°の斜線を1対かきます。

**01** 線属性を「線色2・実線」に設定する（➡p.85、95）。

**02** ツールバー「／」（➡p.40）で、コントロールバー「傾き」に「45」をキー入力して、斜線の始点として、図の交点を🖱（右）。

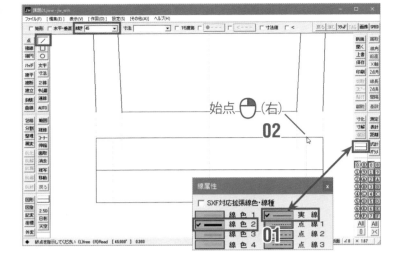

**03** 斜線の終点位置として、図のように、右上方向の任意位置を🖱。

**注意** 傾きが45°固定なので、終点指示時のマウスポインタは、斜線の伸びる方向と距離を決めるだけの指示になります。

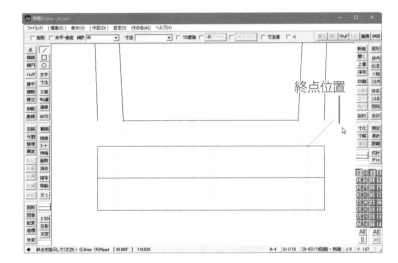

**04** 同様にして、左側にも45°の斜線をかく。
今度はコントロールバー「傾き」に「−45」をキー入力して、斜線の始点として図の交点を🖱（右）、終点位置として、図のように左上方向の任意位置を🖱すればよい。

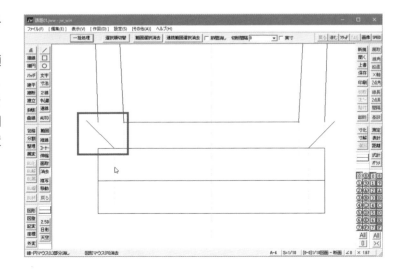

U形側溝の外形に必要な線の作図がひと区切りしたので、ここで補助線を消去します。

**01** ツールバー「消去」（➡p.52）で、消去する補助線を、すべて順次🖱（右）。

情報 「消去」コマンドを選択し、線を🖱（右）すると、その線がただちに消去されます（ステータスバーのメッセージを参照）。

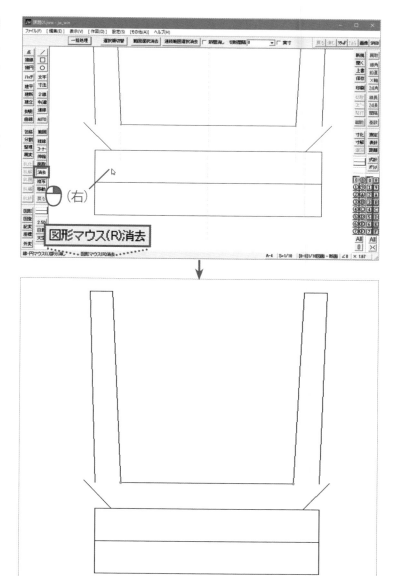

第5章 土木製図を作図

U形の底部隅の線を整えます。

**01** ツールバー「コーナー」（➡p.49）で、コーナー処理する1本目の対象線として、図の線を🖱。

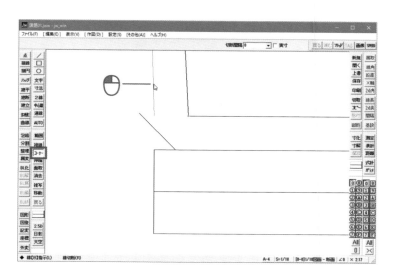

**02** コーナー処理する2本目の対象
線として、図の線を🖱。

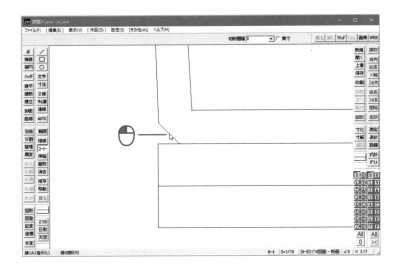

**03** 同様にして、反対側もコーナー
処理。

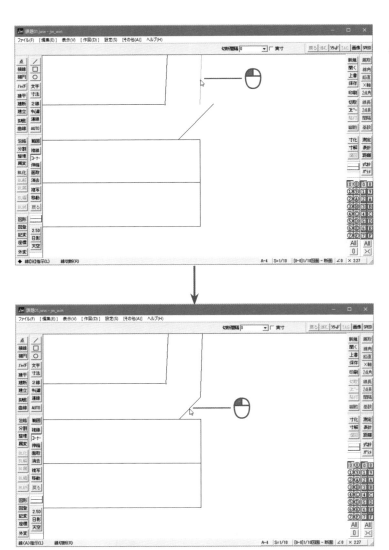

**04** ここでいったん、適宜、上書き保存する（付録CDでは「課題01−01.jww」）。

CD 第5章フォルダ → 課題01−01.jww

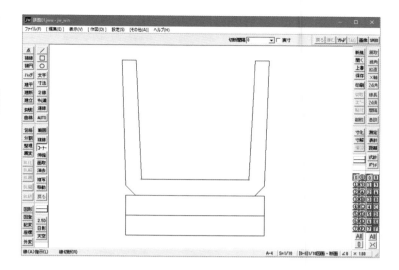

前項までにかいた図の各部を面取りして角を丸めます。

**01** ツールバー「面取」（➡p.60）で、コントロールバー「丸面」に●を付け、「寸法」に「70」をキー入力し、1本目の対象線として図の斜線を🖰。

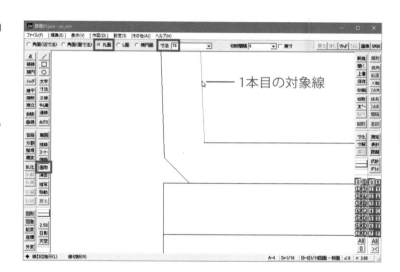

**02** 2本目の対象線として図の線を🖰。

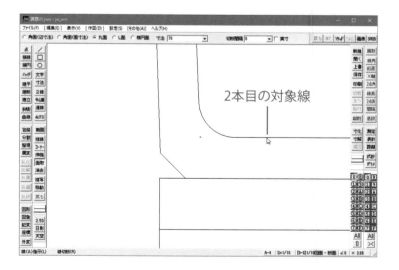

**03** 同様にして、右下角も面取り
する。

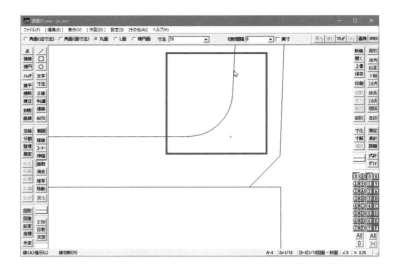

---

下部の長方形部分に分割線をかきま
す。9分割するので、8本の分割線を
かくことになります。

**01** 線属性を「補助線色・補助線
種」に設定する（➡p.85、95）。

**02** ツールバー「分割」（➡p.68）で、
コントロールバー「分割数」に
「9」をキー入力し、1本目の基
準線として図の垂直線を🖱。

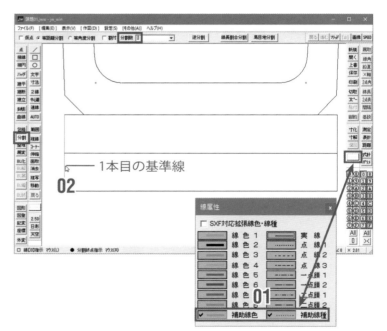

**03** 2本目の対象線として、図の垂
直線を🖱。

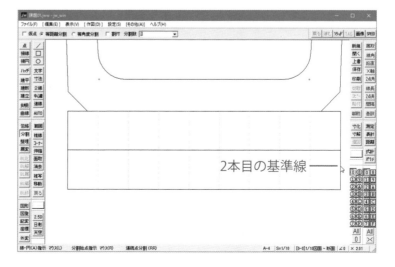

　　　　　　　　　　　　　　　　高校生から始めるJw_cad 土木製図入門［Jw_cad 8.10b対応］

前項で作られた細かい枠のうち、左下角の枠に、対角線をかきます。

**01** ツールバー「／」（➡p.40）で、図のように対角線をかく。

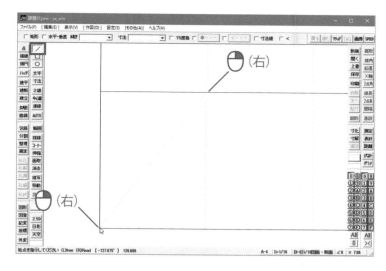

**02** 同様にして、図のように対角線をかく。

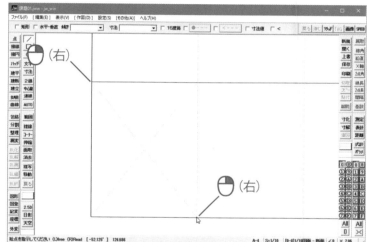

前項で対角線をかいた枠内に、基礎砕石（玉石）を表す楕円をかきます。

**01** 線属性を「線色1・実線」に設定する（➡p.85、95）。

**02** ツールバー「○」（➡p.58）で、コントロールバー「扁平率」に「170」、「傾き」に「−30」をキー入力し、楕円の中心として、対角線の交点を🖱(右)。

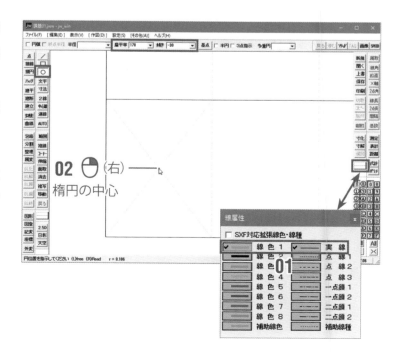

第5章
土木製図を作図

**03** 楕円の円周位置として、図の
ような枠線ぎりぎりの位置（だ
いたいでOK）を🖱。

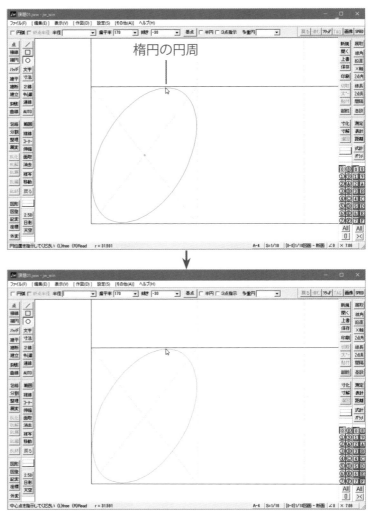

右隣の枠内の玉石は、前項でかいた楕
円を複写して作図します。まず楕円を
選択しますが、楕円の付近には補助
線や枠線があって簡単には選択でき
ません。いくつか方法がありますが、
ここでは「範囲（範囲選択）」コマンド
の追加選択機能を利用します。

**01** ツールバー「範囲」（➡p.96）を
選択し、適当に矩形範囲選択
する。

**注意** 囲む範囲は任意です。図では楕円
の一部を範囲に入れてますが、白
紙部分を範囲選択しても（カラ選
択）OKです。

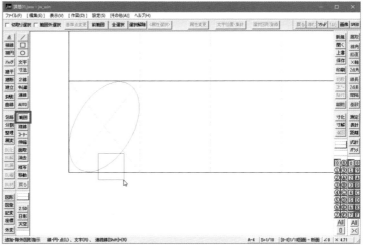

**02** 01で一度、範囲選択したことで、追加・除外選択モードを実行できるようになっているので、楕円を🖱（追加選択扱い）。

楕円が、選択されたことを示すピンク色に変わります。

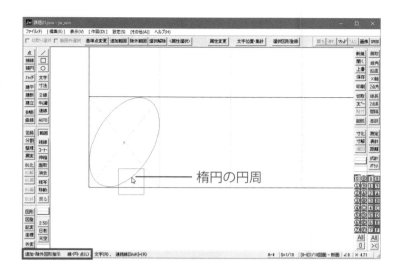

楕円の円周

**03** 複写する楕円が選択できたので、コントロールバー「基準点変更」を🖱し、複写の基準点として図の角を🖱（右）。

（情報）ここまでを「範囲（範囲選択）」コマンドで行うことがポイントです。

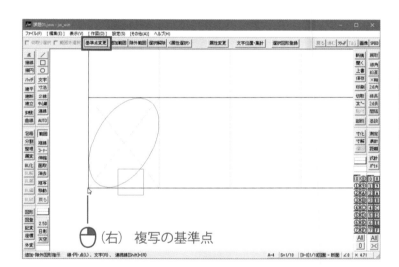

🖱（右）複写の基準点

**04** ツールバー「複写」（➡p.65）で、複写先として、右隣の枠の左下角を🖱（右）。

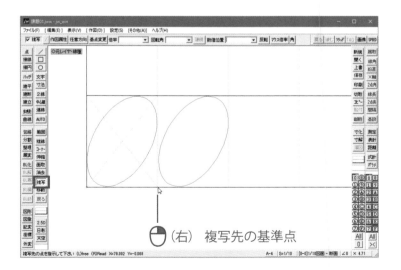

🖱（右）複写先の基準点

他の楕円は、同じ方向・間隔で複写すればよいので、「連続複写」機能を使います。

**05** コントロールバー「連続」を🖱。

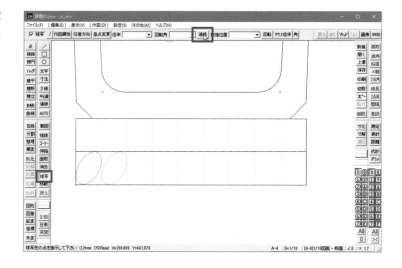

**06** 同様にして、すべての枠に楕円が複写されるまで、コントロールバー「連続」の🖱を繰り返す。

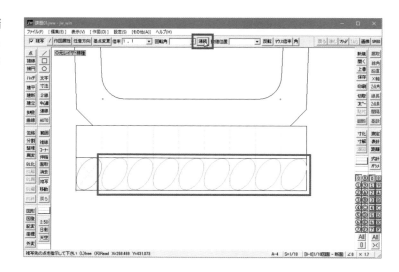

前項に続けて、基礎砕石（玉石）の他に、枠内のすき間を埋める砕石を円でいくつかかきます。

**01** ツールバー「○」（➡p.58）で、枠内のすき間を埋めるように、任意の円をかく。

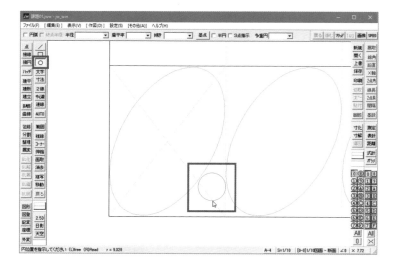

**02** さらに、任意の円をかいていき、図の程度まで埋める。

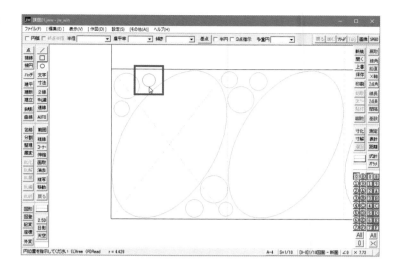

---

前項でかいた円による砕石も、まとめて右側に複写します。

**01** まず、ツールバー「範囲」（➡ p.96）で、図のように矩形範囲選択する。

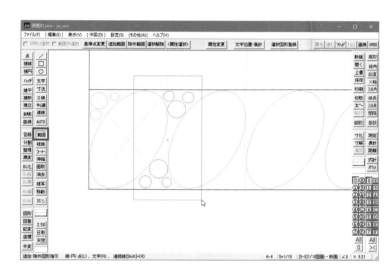

**02** コントロールバー「基準点変更」を🖱し、複写の基準点として図の角を🖱（右）。

（情報）複写の基準点は、複写する図形上になくてもOK。複写する際の相対位置で、明確な読取点を選択すると便利です。

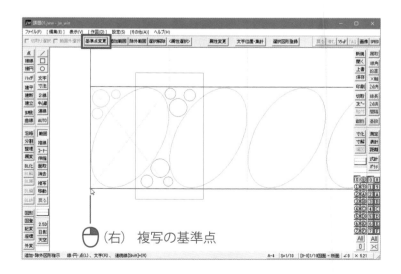

🖱（右）複写の基準点

第5章 土木製図を作図

**03** ツールバー「複写」(➡p.65)で、複写先として、右隣の枠の左下角を🖱(右)。

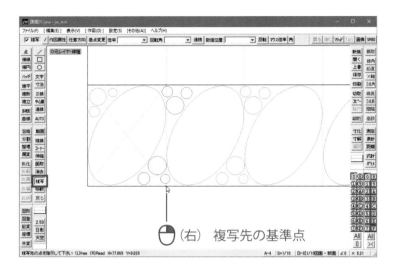

🖱(右) 複写先の基準点

**04** p.122の05〜06と同様にして、すべての枠に円の集団が複写されるまで、コントロールバー「連続」の🖱を繰り返す。

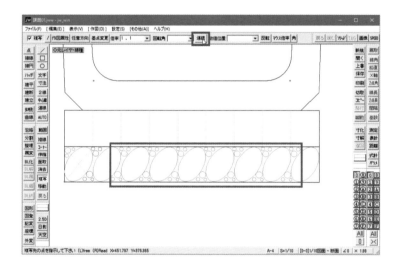

**05** 一番右端の枠の右下隅には円の集団が複写されないので、p.122の01と同様にして、ツールバー「○」(➡p.58)で適当な円をかき、すき間を埋める。

💿 第5章フォルダ → 課題01-02.jww

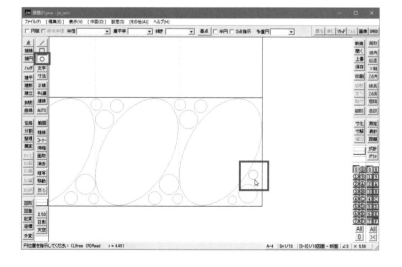

上側の枠内にはコンクリートを表す円をかき込みます。作図要領は前項までと同様なので、説明は一部割愛します。ここでは、小さい砕石を「点」コマンドの点（●）で表現します。

**01** ツールバー「○」（➡p.58）で、コントロールバー「半径」に「10」をキー入力して、図のように適当な円を2つかく。

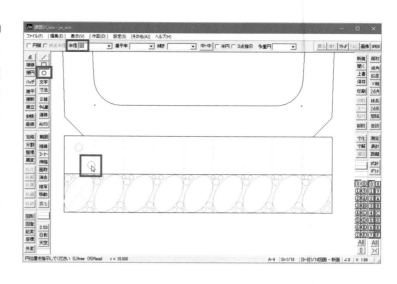

**02** ツールバー「複写」（➡p.65）で、図のように複写する（連続複写機能も使用）。

**03** 一番右端の枠は、ツールバー「○」で円を1つだけかく。

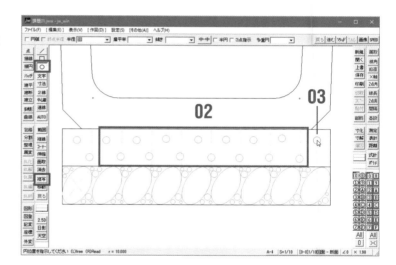

**04** ツールバー「点」（➡p.113）で、図のように、適当な点をかく。

(情報) 点は、線色1（水色）で作図します。

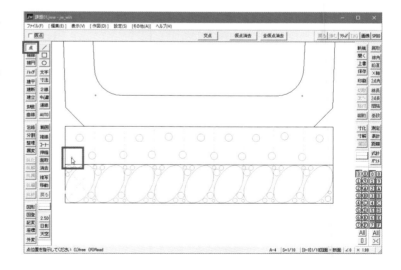

第5章 土木製図を作図

**05** ツールバー「点」「○」「複写」を
使い、図のように、適当な点
や○をたくさんかく。

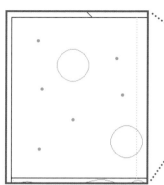
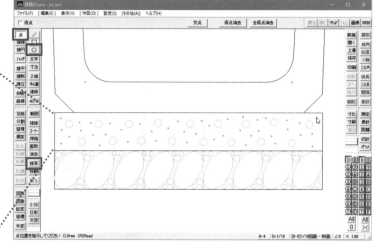

以上で、上ぶた式U形側溝の断面図の
作図が完了です。
適宜、保存してください。

第5章フォルダ → 課題01−03.jww

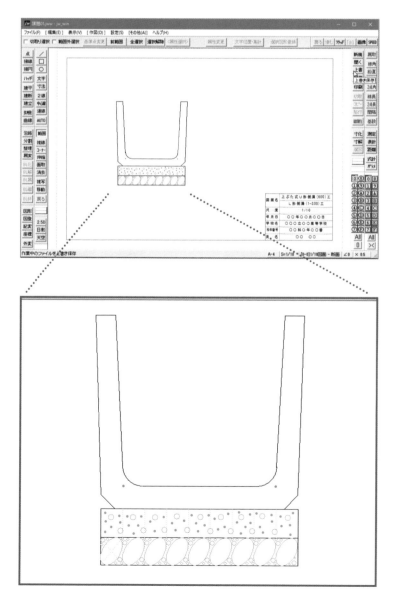

　　　　　　　　　　高校生から始めるJw_cad 土木製図入門［Jw_cad 8.10b対応］

## U形側溝の断面図に寸法を記入

前項で作図した上ぶた式U形側溝の断面図に、寸法を記入します。
書込レイヤを「1」に変えます。

**01** 前項に続けて、「課題01.jww」（または付録CDからコピーした「課題01−03.jww」）を開く（➡ p.25、103）。

CD 第5章フォルダ → 課題01−03.jww

**02** 書込レイヤを、レイヤグループ「0」−レイヤ「1」に設定する。

**03** 線属性を「補助線色・補助線種」に設定する（➡p.85、95）。

続けて、上ぶた式U形側溝の断面図に寸法を記入します。

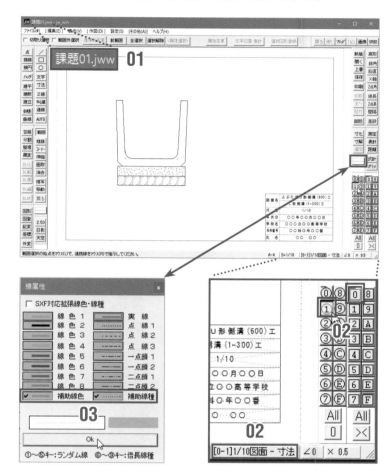

まず、寸法の作図に必要な補助線をかきます。

**01** ツールバー「／」の「水平・垂直」（➡p.40）で、図の点を始点として、U形側溝の線をまたぐ水平線をかく。

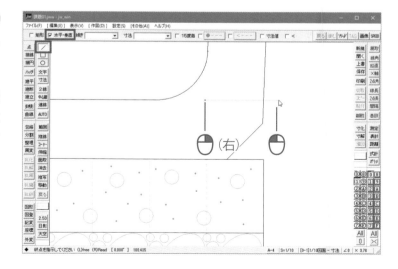

**02** 同様にして、左側にもU形側溝
の線をまたぐ水平線をかく。

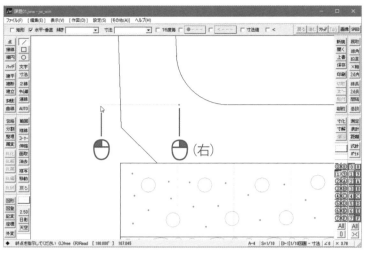

ここから、各部に寸法を記入してい
きます。まず、基礎砕石部の底辺に
寸法を記入します。最初に寸法設定
を行います。

**01** ツールバー「寸法」(➡p.71)で、
コントロールバーの寸法種類
ボタンを「−」、端部ボタンを
「端部−>」に設定し、「設定」
を🖱して開く「寸法設定」ダイ
アログで図の項目を選択また
はキー入力する。

**02** 基礎底辺に寸法を記入するの
で、寸法線を作図する位置と
して図の付近を🖱。

**03** 寸法始点位置として、図の頂
点を🖱(右)。

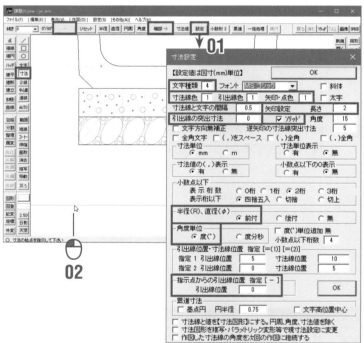

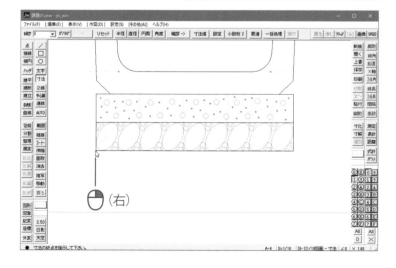

　　　　　　　　　　　　　高校生から始めるJw_cad 土木製図入門［Jw_cad 8.10b対応］

**04** 寸法終点位置として、図の頂
点を🖱（右）。

**05** コントロールバー「リセット」
（➡p.72）。

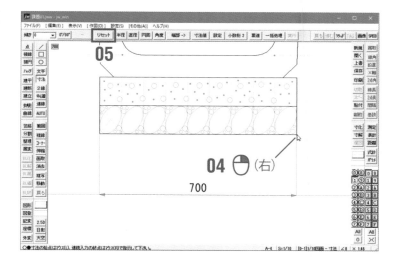

続けて、前項の寸法の上部に、U形側
溝の部分寸法をとる2段目の寸法を記
入します。

**01** コントロールバーの端部ボタ
ンを「端部ー＜」に設定する。

**02** 寸法線位置として、図の付近
を🖱。

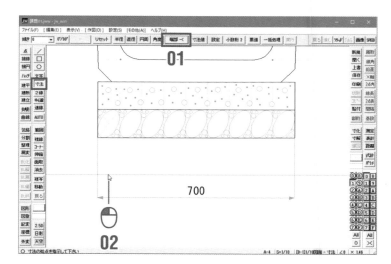

**03** 寸法始点位置として、図の交
点を🖱（右）。

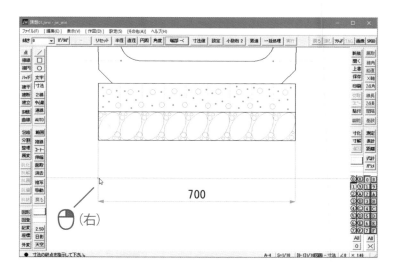

**04** 寸法終点位置として、図の交点を🖱(右)。

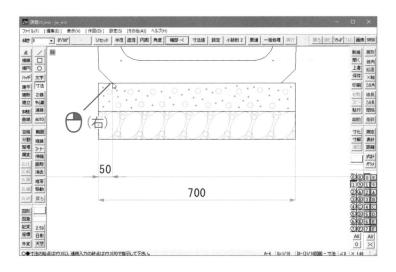

**05** コントロールバーの端部ボタンを「端部ー>」に設定する。

**06** 連続する次の寸法終点位置として、図の交点を🖱(右)。

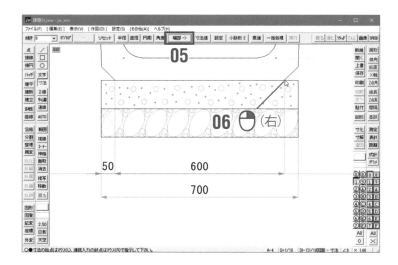

**07** コントロールバーの端部ボタンを「端部ーく」に設定する。

**08** 連続する次（最後）の寸法終点位置として、図の交点を🖱(右)。

**09** コントロールバー「リセット」。

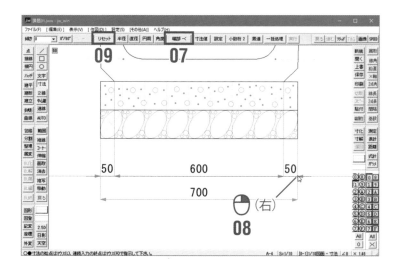

続けて、U形側溝の上部に寸法を記入
します。

**01** 寸法線位置として、図の付近
を🖱。

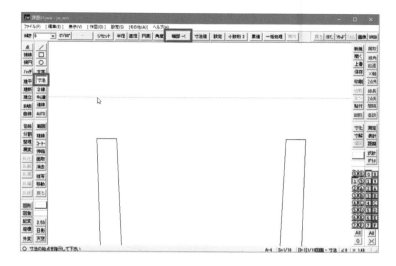

**02** 寸法始点位置として、図の頂
点を🖱（右）。

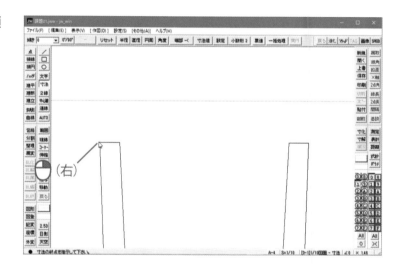

**03** 寸法終点位置として、図の頂
点を🖱（右）。

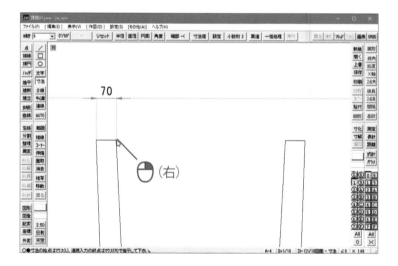

**04** コントロールバーの端部ボタンを「端部－>」に設定する。

**05** 連続する次の寸法終点位置として、図の交点を🖱(右)。

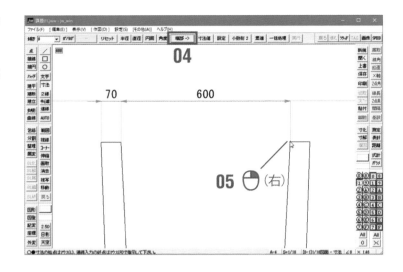

**06** コントロールバーの端部ボタンを「端部－<」に設定する。

**07** 連続する次(最後)の寸法終点位置として、図の交点を🖱(右)。

**08** コントロールバー「リセット」。

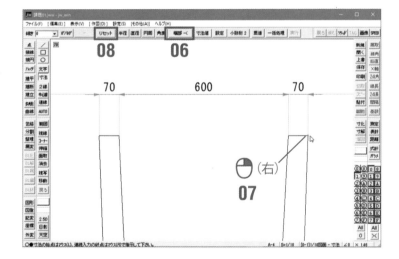

続けて、U形側溝の内部の寸法を記入します。

**01** コントロールバーの端部ボタンを「端部－>」に設定する。

**02** 寸法線位置として、図の付近を🖱。

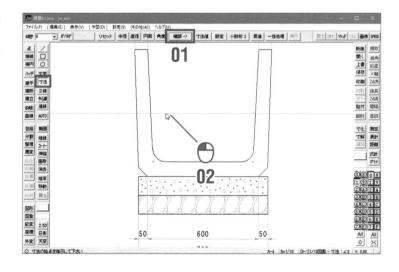

**03** 寸法始点位置として、図の交点を🖱(右)。

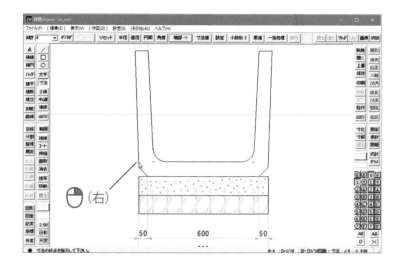

**04** 寸法終点位置として、図の点を🖱(右)。

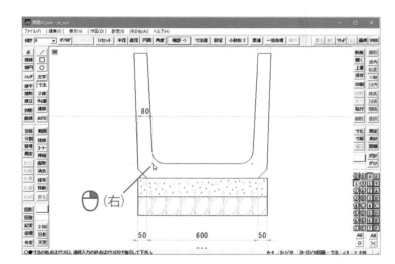

**05** 連続する次の寸法終点位置として、図の点を🖱(右)。

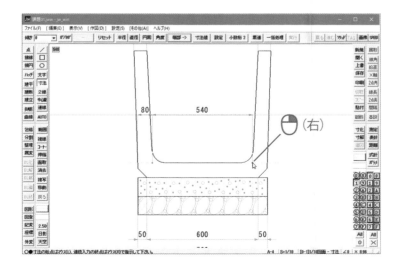

第5章
土木製図を作図

**06** 連続する次（最後）の寸法終点
位置として、図の交点を🖱（右）。

**07** コントロールバー「リセット」。

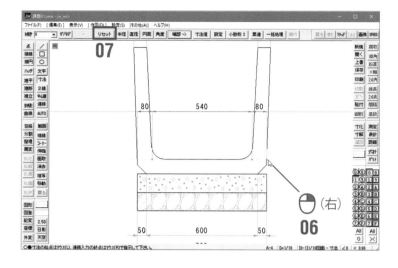

続けて、U形側溝の垂直方向の寸法を
記入します。

**01** コントロールバー「傾き」を
「90」に設定する（➡p.73）。

(情報) コントロールバー「0°/90°」を🖱
すると、コントロールバー「傾き」
に「90」が自動入力されます。

**02** 寸法線位置として、図の付近
を🖱。

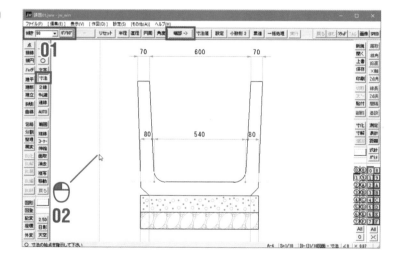

**03** 寸法始点位置として、図の頂
点を🖱（右）。

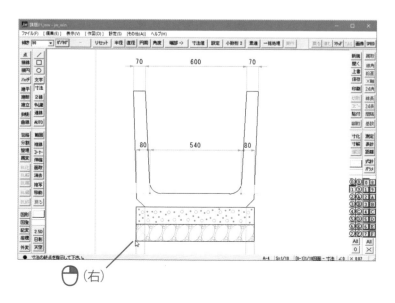

**04** 寸法終点位置として、図の交点を🖱（右）。

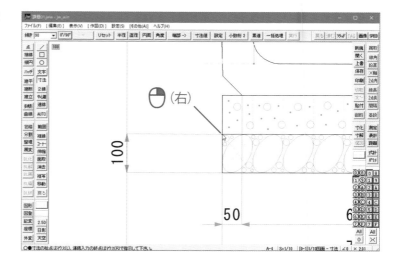

**05** 連続する次の寸法終点位置として、図の頂点を🖱（右）。

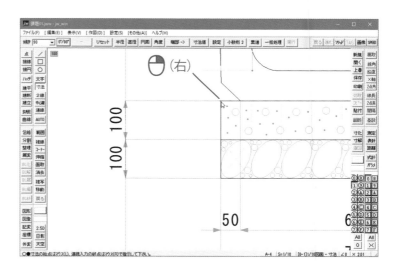

**06** 連続する次の寸法終点位置として、図の点を🖱（右）。

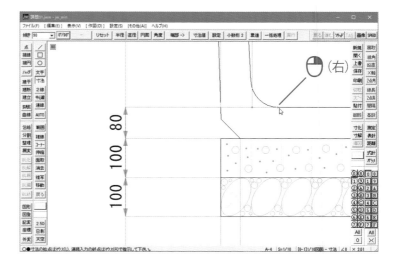

第5章 土木製図を作図

**07** 連続する次（最後）の寸法終点
位置として、図の頂点を🖱️（右）。

**08** コントロールバー「リセット」。

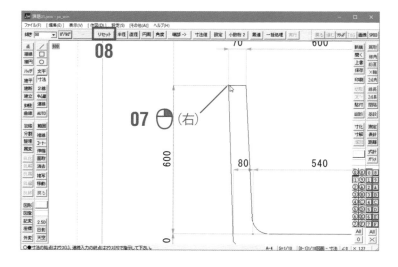

続けて、U形側溝の内部底面のカーブ
部に半径寸法を記入します。

**01** コントロールバー「傾き」に
「45」をキー入力する。

**02** コントロールバー「半径」を🖱️。

**03** 半径寸法（➡p.78）を記入する
対象円弧として、図の付近を
🖱️。

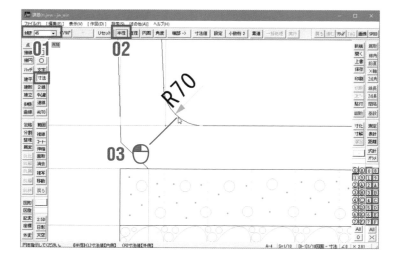

半径寸法が線と重なっているので、
移動して整えます。

**04** ツールバー「文字」（➡p.99）で、
03でかいた半径寸法の文字列
「R70」の左下隅付近を🖱️。

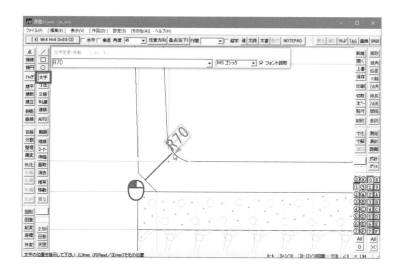

**05** マウスポインタを移動して、「R70」を線と重ならない適当な位置にずらす。

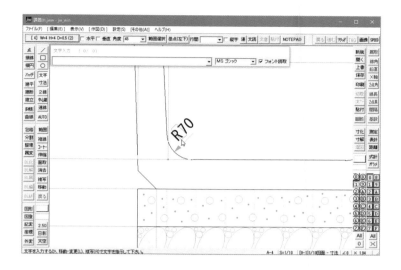

続けて、U形側溝の外部隅と基礎コンクリート部の間の角度寸法を記入します。

**01** ツールバー「寸法」（➡p.71）で、コントロールバー「角度」を🖱。

**02** 角度寸法（➡p.77）の頂点として、図の付近を🖱（右）。

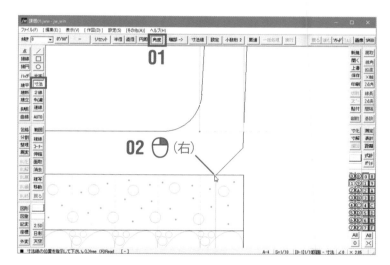

**03** 寸法線位置として、図の付近を🖱。

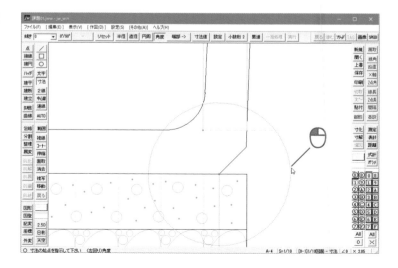

**04** 寸法始点位置として、図の頂点を🖱（右）。

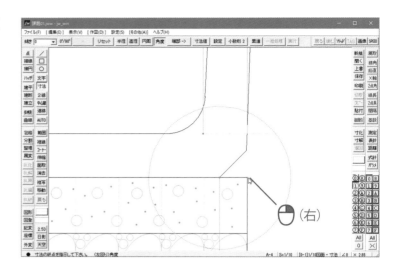

**05** 寸法終点位置として、図の頂点を🖱（右）。

**注意** 角度寸法は、反時計回りで始点→終点を指示します。

**06** コントロールバー「リセット」。

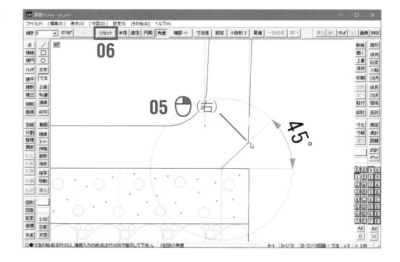

以上で、上ぶた式U形側溝の断面図の寸法記入が完了です。
適宜、保存してください。

**CD** 第5章フォルダ→ 課題01-04.jww

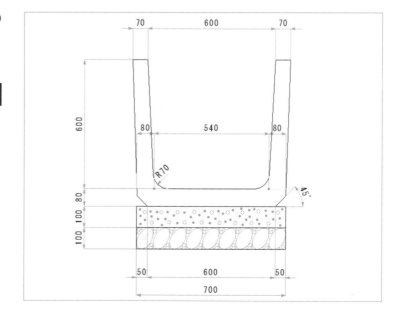

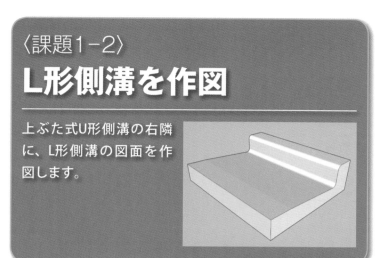

# 〈課題1-2〉
# L形側溝を作図

上ぶた式U形側溝の右隣に、L形側溝の図面を作図します。

## L形側溝の断面図を作図

L形側溝の断面図を作図します。

最初に、L形側溝の断面図を作図します。

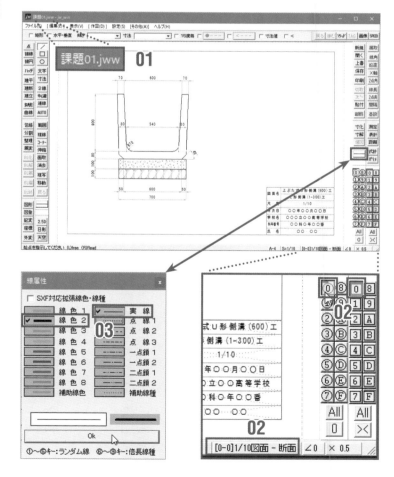

**01** 前項に続けて「課題01.jww」（または付録CDからコピーした「課題01-04.jww」）を開き、適当な別の名前を付けて新規保存する（➡p.31）。

**02** レイヤグループ「0」ーレイヤ「0」に設定する。

**03** 線属性を「線色2・実線」に設定する（➡p.85、95）。

🔘 第5章フォルダ → 課題01-04.jww

高校生から始めるJw_cad 土木製図入門［Jw_cad 8.10b対応］

第5章　土木製図を作図

まず、L形側溝の緒線の基準線とする水平線および垂直線をかき、L形側溝の外形に加工します。作図要領はp.108〜110と同様です。

**01** ツールバー「／」の「水平・垂直」（➡p.40）で、図のような位置と寸法の水平線をかく（だいたいでOK）。

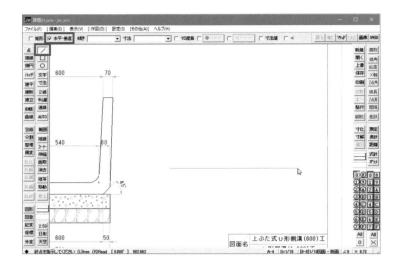

**02** ツールバー「複線」（➡p.46）を使って、図のように、01でかいた水平線を、間隔100で上側に複線する。

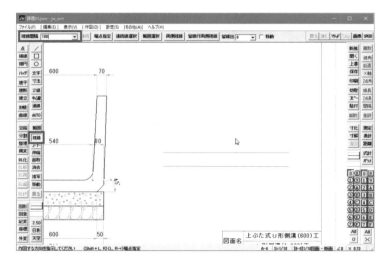

**03** ツールバー「／」の「水平・垂直」および「複線」を使って、図のように、水平線・垂直線をかき加える。

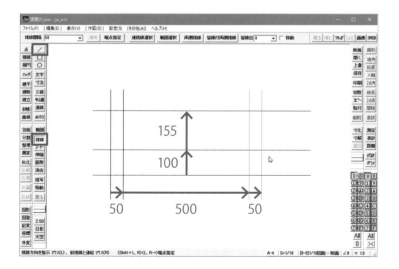

**04** 03までにかいた3本の水平線と4本の垂直線を使い、ツールバー「コーナー」（➡p.49）で、次ページの図のように、順次、角を作っていく。

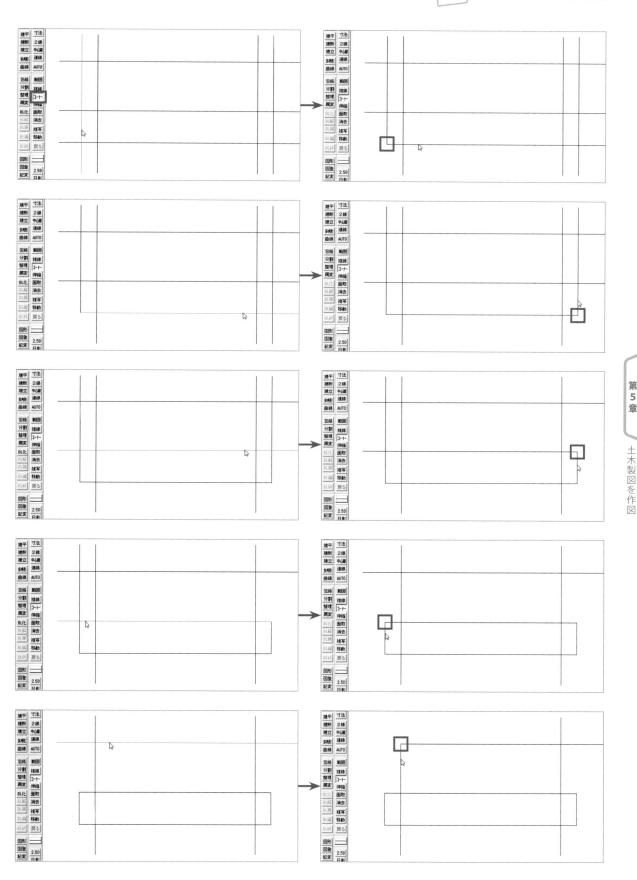

**05** ツールバー「伸縮」（➡p.50）で、図のように、はみ出した線を整える。

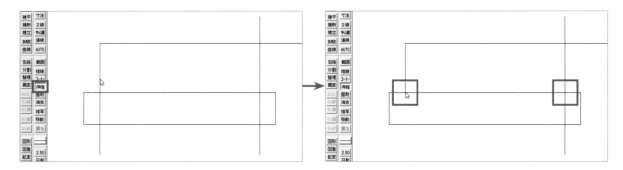

**06** 次に、ツールバー「複線」（➡p.46）で、図のように、垂直線を間隔「100」で右側に複線する。

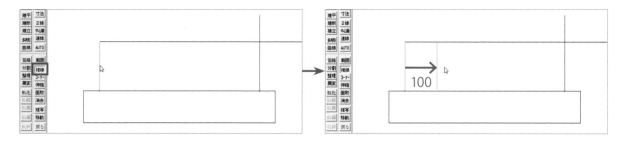

**07** 再び、ツールバー「伸縮」で、図のように、角を作る。

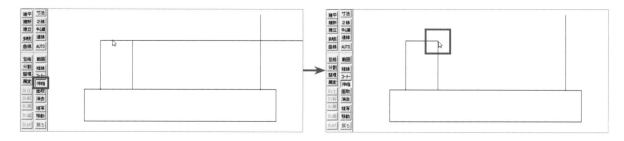

L形側溝の傾斜部外形の基準線をかきます。

**01** 線属性を「補助線色・補助線種」に設定する。

**02** ツールバー「複線」（➡p.46）で、下部長方形の上辺を複線元として、上側に間隔「55」で複線する。

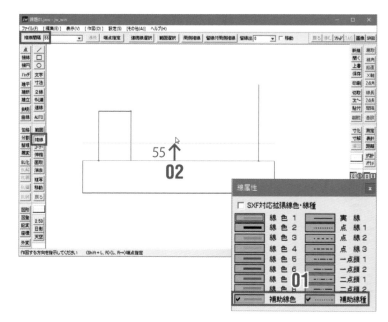

**03** 次に、下部長方形の上辺を複線元として、上側に間隔「85」で複線する。

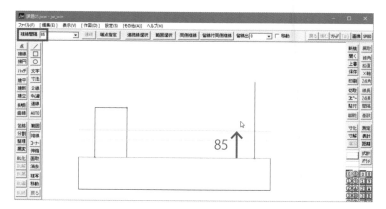

**04** 同様にして、下部長方形の上辺を複線元として、上側に間隔「90」で複線する。

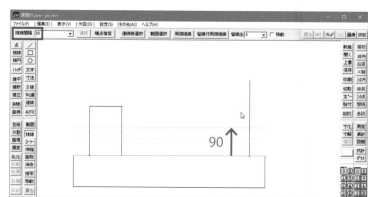

**05** 同様にして、右側にある垂直線を複線元として、左側に間隔「100」で複線する。

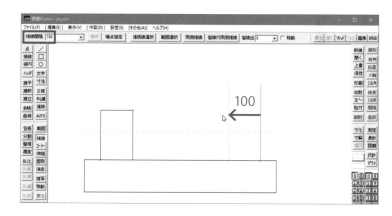

**06** ツールバー「点」(➡p.113)で、図の交点に点を打つ。

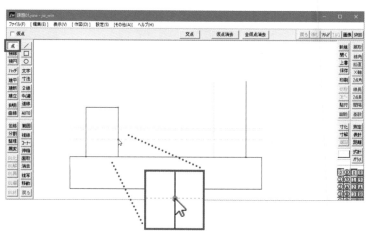

次に、L形側溝の内側傾斜部をかき
ます。

**01** 線属性を「線色2・実線」に設
定する。

**02** ツールバー「／」（➡p.40）で、
図の2本の斜線を順次、作図す
る。

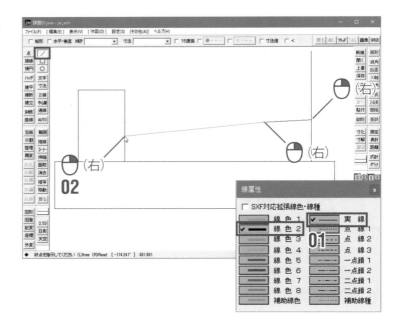

**03** ツールバー「伸縮」（➡p.50）で、図の垂直線を、02でかいた斜線右端まで縮める。

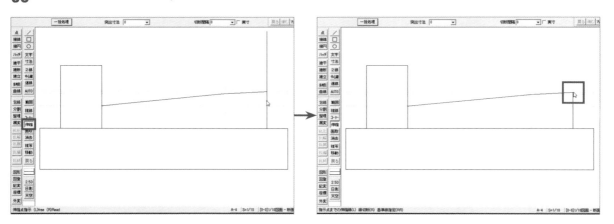

**04** ツールバー「面取」（➡p.60）の「丸面」で、「寸法」を「20」にして、図の交点を面取りする。

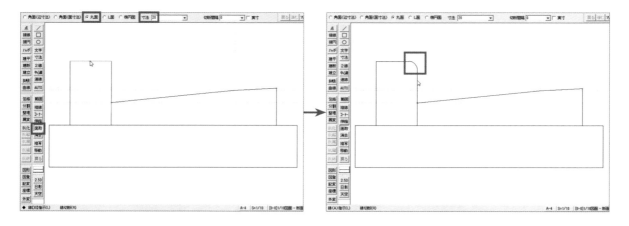

**05** 同様に、図の交点も面取りする。

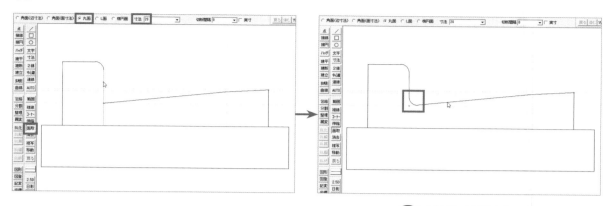

第5章フォルダ → 課題01-05.jww

L形側溝の基礎部をかきます。まず、長方形部分に枠線をかきます。

**01** 線属性を「補助線色・補助線種」に設定する。

**02** ツールバー「分割」(➡p.68) の「分割数」を「8」にして、図の2本の垂直線で長方形内部を8分割する。

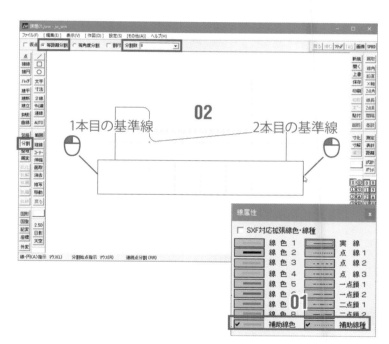

前項で分割した8つの枠内に対角線をかきます。

**01** ツールバー「／」(➡p.40) で、図の枠内に2本の対角線 (➡p.119) をかく。

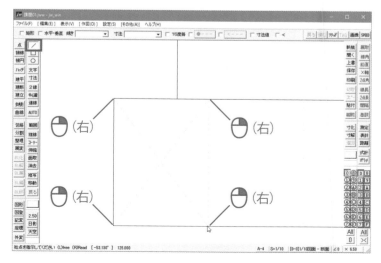

次に、前項で対角線をかいた枠内
に砕石（玉石）を表す楕円をかきま
す（➡p.122）。

**01** 線属性を「線色1・実線」に設
定する。

**02** ツールバー「○」（➡p.58）で、
「扁平率」を「170」、「傾き」を
「-30」にして、楕円の中心と
して、対角線の交点を🖰（右）。

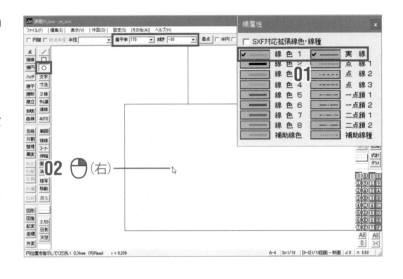

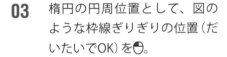

**03** 楕円の円周位置として、図の
ような枠線ぎりぎりの位置（だ
いたいでOK）を🖰。

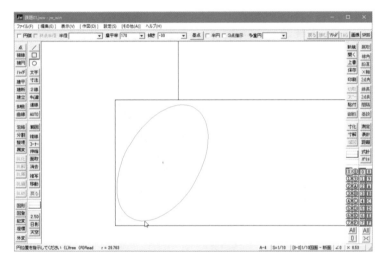

**04** ツールバー「範囲」と「複写」を
使って、03でかいた楕円を、
右側7つの枠内に複写する（➡
p.120 〜 122）。

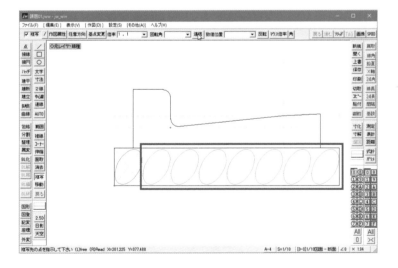

前項に続けて、基礎砕石 (玉石) の他に、枠内のすき間を埋める砕石を円をいくつかかき (➡p.122 ～124)、右側の枠内に複写します。

**01** ツールバー「○」(➡p.58) で、図のように、枠内のすき間を埋めるように任意の円をたくさんかく。

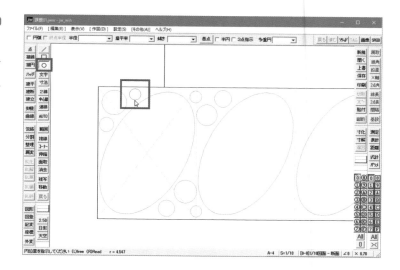

**02** ツールバー「範囲」(➡p.96) で、図のように砕石部分を範囲選択し、複写の基準点として図の角を🖱(右)。

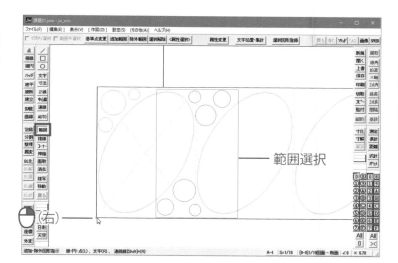

範囲選択

(右)

**03** ツールバー「複写」(➡p.65) で、複写先として図の角を🖱(右)。

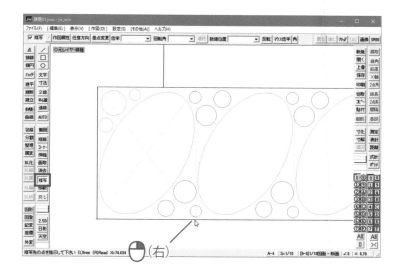

(右)

**04** コントロールバー「連続」で、
図のように複写する。

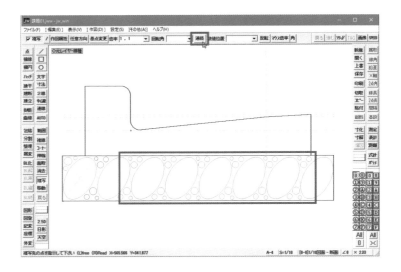

**05** 一番右の枠内は、ツールバー
「○」（➡p.58）で、適当な円を
かいて埋める。

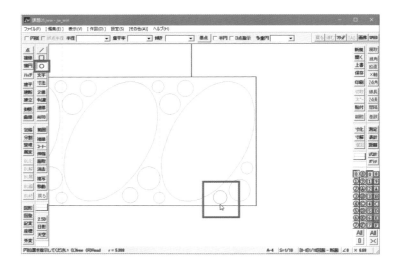

L形側溝の外形がかけたので、ここ
で補助線を消去します。

**01** ツールバー「消去」（➡p.52）で、
消去する補助線（水平線3本、
垂直線1本）を、順次🖱（右）。

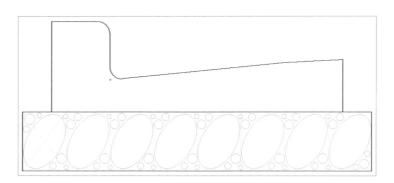

**CD** 第5章フォルダ → 課題01–06.jww

## L形側溝の断面図に 寸法を記入

前項で作図したL形側溝の断面図に、寸法を記入します。

**01** 前項に続けて、「課題01.jww」（または付録CDからコピーした「課題01−06.jww」）を開く。

CD 第5章フォルダ → 課題01−06.jww

**02** 書込レイヤを、レイヤグループ「0」−レイヤ「1」に設定する。

続けて、L形側溝の断面図に寸法を記入します。

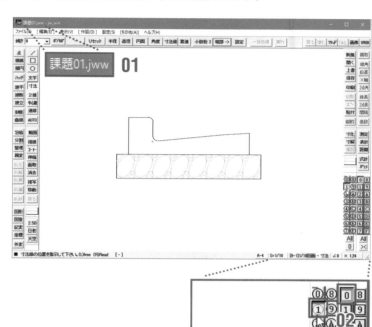

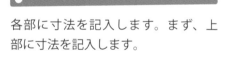

各部に寸法を記入します。まず、上部に寸法を記入します。

**01** ツールバー「寸法」（➡p.71）で、コントロールバーの寸法種類ボタンを「−」、端部ボタンを「端部−>」に設定し、寸法線位置として、図の付近を🖱。

**02** 寸法始点位置として、左上頂点を🖱（右）。

**03** 寸法終点位置として、右上頂点を🖱（右）。

**04** コントロールバー「リセット」。

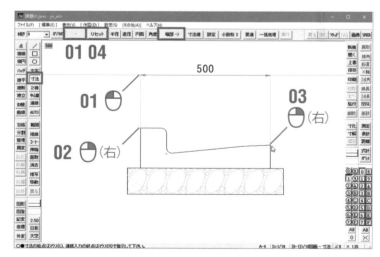

第5章 土木製図を作図

**05** 上部2段目の寸法を記入する。p.131 〜 132と同様にして、コントロールバーの端部ボタンで寸法端部矢印の向きを適宜、切り替えながら、読取点を順次🖱(右) していく。

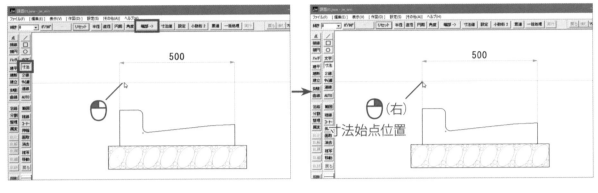

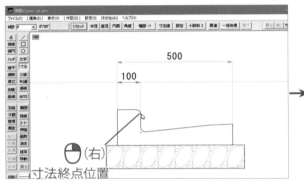

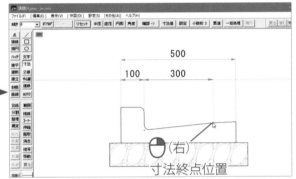

**06** 2段目の寸法の記入が終わったら、コントロールバー「リセット」。

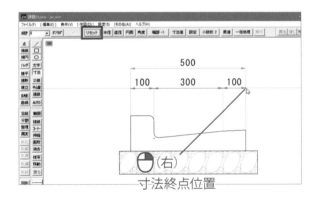

**07** 同様にして、コントロールバーの端部ボタンを切り替えながら、下部に2段の寸法を記入する。

**08** コントロールバー「リセット」。

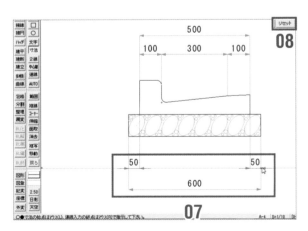

続けて、垂直方向の寸法を記入します。

**01** コントロールバー「傾き」を「90」にして（➡p.73）、寸法線位置として、図の付近を🖱。

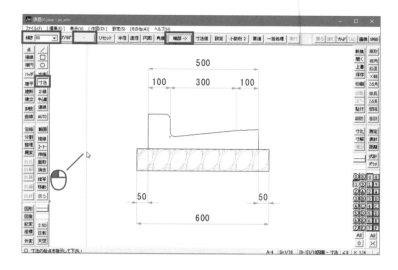

**02** 連続の垂直寸法を記入する。

**注意** 垂直寸法は下から上に指示して記入します。上から下に指示すると寸法端部記号が逆になってしまうので注意。

**03** コントロールバー「リセット」。

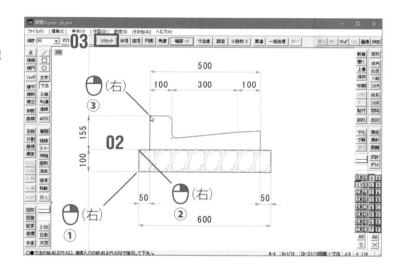

**04** 2段目の垂直寸法の寸法線位置として、図の付近を🖱。

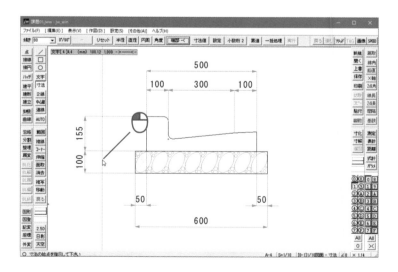

第5章 土木製図を作図

**05** コントロールバーの端部ボタ
ンを「端部－＜」に切り替え、
2段目の1つ目の垂直寸法を記
入する。

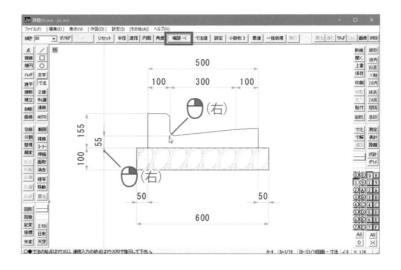

**06** コントロールバーの端部ボタ
ンを「端部－＞」に切り替え、
2段目の2つ目の垂直寸法を記
入する。

**07** コントロールバー「リセット」。

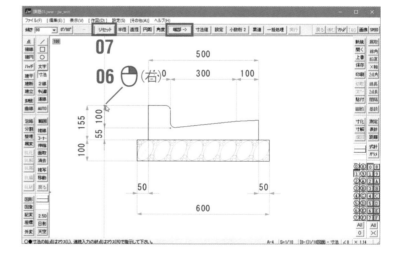

**08** 右辺側にも垂直寸法を記入す
る。

**09** コントロールバー「リセット」。

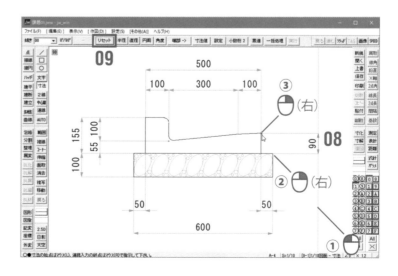

**10** 2段目の垂直寸法を記入する。

**11** コントロールバー「リセット」。

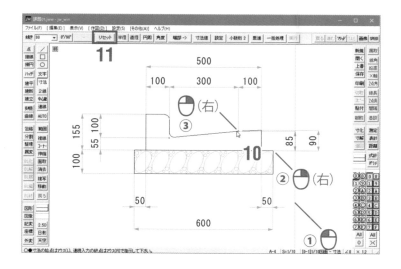

---

続けて、半径寸法を記入します。

**01** コントロールバー「傾き」（➡ p.73）を「45」にして、「半径」を🖱し、半径寸法を記入する図のカーブ部分の任意位置を🖱（➡p.78）。

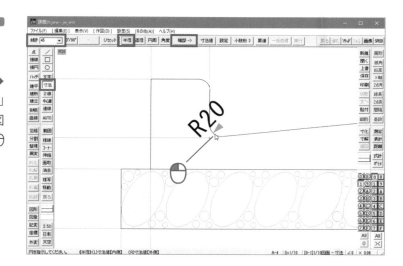

**02** 続けて同様にして、上のカーブ部分の任意位置を🖱。

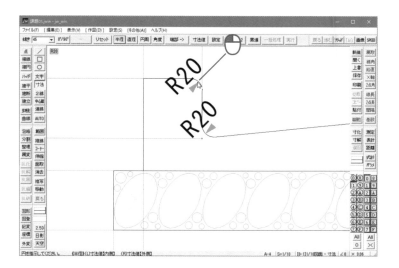

寸法端部矢印が短すぎるので、伸ば
します。

**01** ツールバー「伸縮」(➡p.50) で、
伸ばす線として、下側の半径
寸法の端部矢印の中心線部分
を🖱。

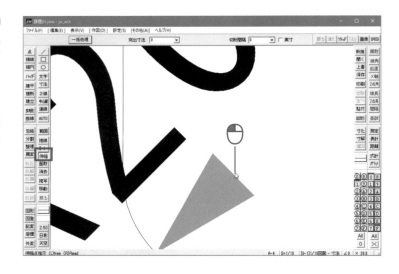

**02** 伸ばす先として、図の付近を
適当に🖱。

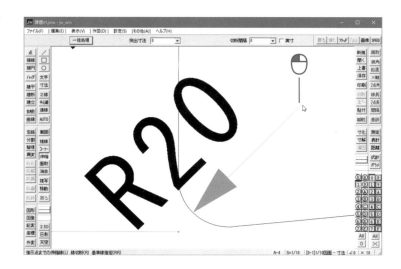

**03** 同様にして、上側の半径寸法
の端部矢印を伸ばす。

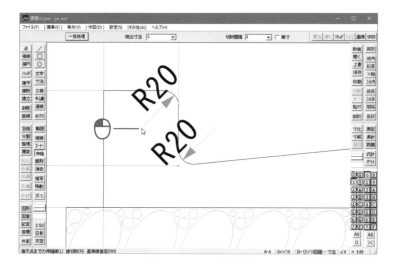

前項で伸ばした寸法端部矢印に合わせ、半径寸法の寸法値の位置を移動します。

**01** ツールバー「文字」(➡p.99) で、移動する上側の寸法値を🖱。

**情報** 寸法値は文字なので、移動などの編集作業は「文字」コマンドで行います。

**02** マウスポインタを移動すると寸法値も追随するので、図のような適当な位置で🖱。

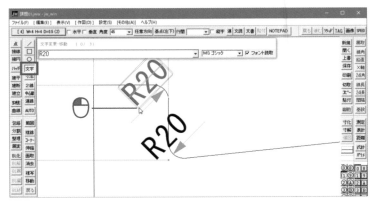

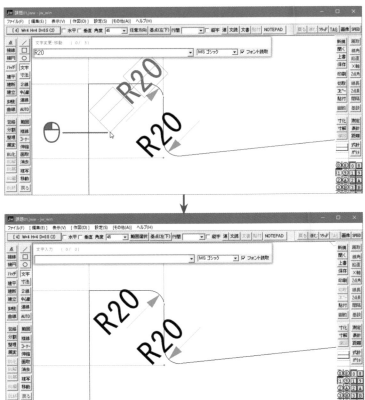

**03** 同様にして、下側の寸法値も適当な位置に移動する。

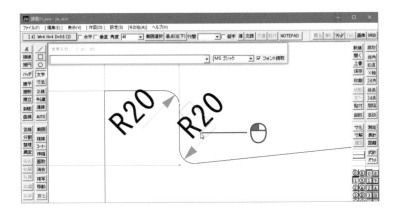

第5章 土木製図を作図

斜線部分に勾配の値（文字列）を記入するので、「文字」コマンド使用中に割込機能で「線角度取得」コマンドを使い、斜線の角度を取得します。

**01** 前項に続けてツールバー「文字」の実行はそのままで、伸ばす線として、ツールバー「線角」（「線角度取得」コマンド➡p.74）を🖱。

**02** 角度を取得する斜線を🖱。

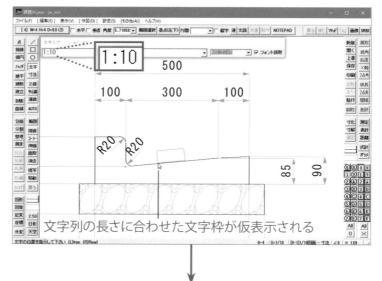

**03** 「文字」コマンドは有効のままなので、「文字入力」ボックスに、勾配の値を表す文字列「1：10」をキー入力する。

**04** 図のように、文字列「1：10」を記入する適当な位置を🖱。

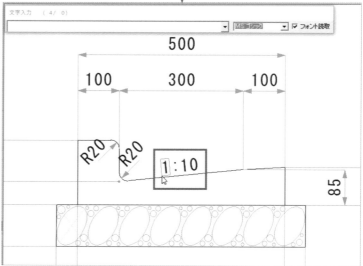

**05** 同様にして、ツールバー「線角」で右隣の斜線の角度を取得し、勾配値を表す文字列「1：20」を記入する。

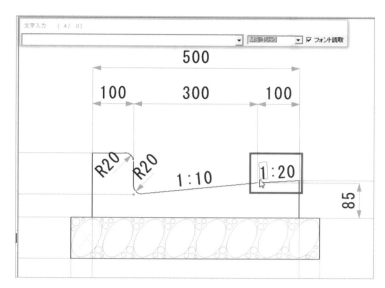

L形側溝の作図が終わったので、上ぶた式U形側溝およびL形側溝図面の上部にそれぞれのタイトルを記入し、いったん図面ファイルを保存します。

**01** ツールバー「文字」（➡p.99）で、コントロールバー左端にある書込み文字種ボタンを🖱し、開く「書込み文字種変更」ダイアログで、これから記入する文字種として「文字種[6]」に●を付ける。

（情報）文字種を選択すると、ダイアログがただちに閉じます。

**02** 前項と同様にして、「文字入力」ボックスに記入する文字をキー入力し（図を参照）、記入位置として、図のような適当な位置で🖱。

以上で、上ぶた式U形側溝およびL形側溝の作図が完了です。
適宜、保存してください。

（CD）第5章フォルダ → 課題01−07.jww

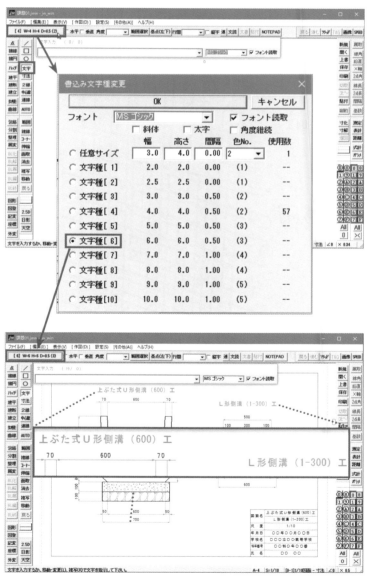

第5章 土木製図を作図

〈課題2〉

# 逆T形擁壁を作図

このSectionで作図する逆T形擁壁の断面図について、その仕様
および製図のポイントを示します。

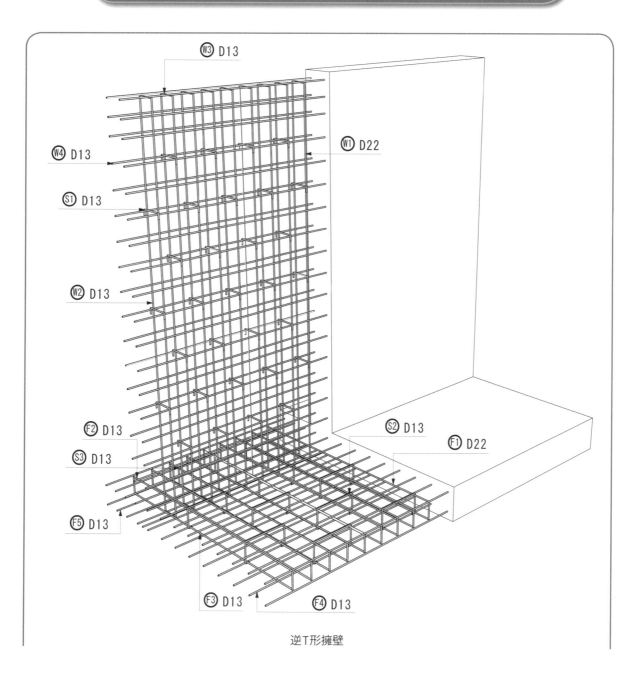

逆T形擁壁

## 《 製図のポイント 》

◉ 断面線は**太線の実線**で作図します。本書では、太線を**線色2**で設定しています。

◉ 鉄筋の姿線は、**極太線の実線**で作図します。本書では、極太線を**線色6**で設定しています。ただし、奥に見える姿線は**極太線の点線2**とします。

◉ 寸法線・寸法引出線・寸法端部記号・説明文の引出線は、**細線の実線**で作図します。本書では、細線を**線色1**で設定しています。

◉ 鉄筋の断面線は、**細線の実線**で作図し、内部をソリッド図形で塗りつぶします。

◉ 文字の大きさは、寸法値は**文字種[3]**、説明文は**文字種[4]**と**文字種[6]**で作図します。

◉ レイヤ設定は、下表のとおりです。

| レイヤグループ | レイヤグループ名 | 縮尺 | レイヤ | レイヤ名 |
|---|---|---|---|---|
| | | | 0 | 断面 |
| 1 | 1/40図面 | 1/40 | 1 | 寸法 |
| | | | 2 | 説明 |

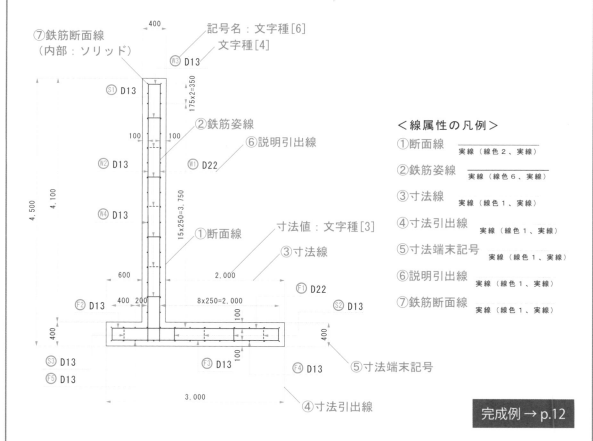

<線属性の凡例>
①断面線 実線（線色2、実線）
②鉄筋姿線 実線（線色6、実線）
③寸法線 実線（線色1、実線）
④寸法引出線 実線（線色1、実線）
⑤寸法端末記号 実線（線色1、実線）
⑥説明引出線 実線（線色1、実線）
⑦鉄筋断面線 実線（線色1、実線）

完成例 → p.12

ここでは、ページ数の関係で、原則として作図方法の解説を割愛します。これまでに学習していないJw_cadの作図機能や、逆T形擁壁の製図独特の作図テクニックを使う部分のみ、ていねいに解説します。これまでの学習を済ませてあれば作図を進められるはずですが、作図がうまく進まない場合は、第3章や第5章のSection 1を復習し、適宜、付録CDからコピーした練習ファイルを開いて参考にしてください。

## 逆T形擁壁の断面図を作図

最初は、断面図を作図します。

**01** 「C：」ドライブ→「jww」フォ
ルダ→「練習ファイル」フォルダ→「第5章」フォルダの「課題02.jww」を開き、適当な別の名前を付けて、新規保存する。

**CD** 第5章フォルダ → 課題02.jww

**02** レイヤグループ「1」－レイヤ「0」に設定する。

**03** 線属性を「線色2・実線」に設定する（➡p.85、95）。

最初に、逆T形擁壁の断面図を作図します。

まず、逆T形擁壁の断面図の外形を作り、輪郭として整えます。作図方法はp.104～106を、各部の寸法はp.159を、それぞれ参照してください。

**01** 図のように、断面図外形の基準線とする水平線および垂直線をかき、複線する。

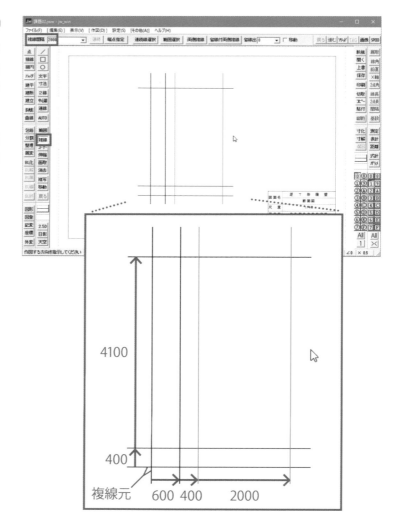

**02** ツールバー「コーナー」(➡ p.49) で、図の個所にコーナーを作る。

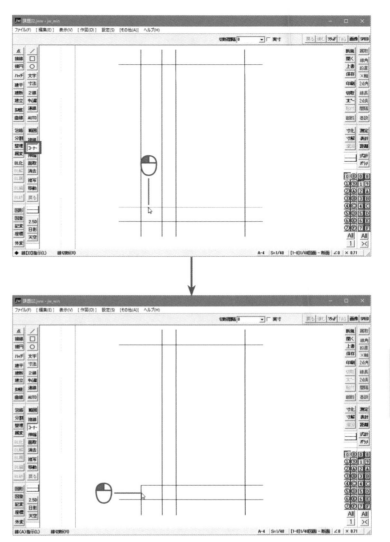

**03** 同様にして、輪郭にする外周すべてを角にする。

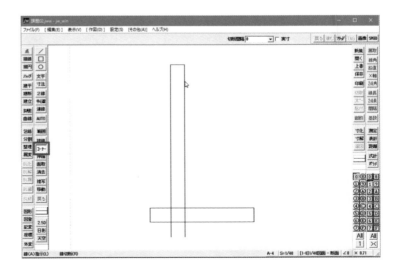

第5章

土木製図を作図

**04** ツールバー「伸縮」(➡p.50)で、図の垂直線を正しい位置まで縮める。

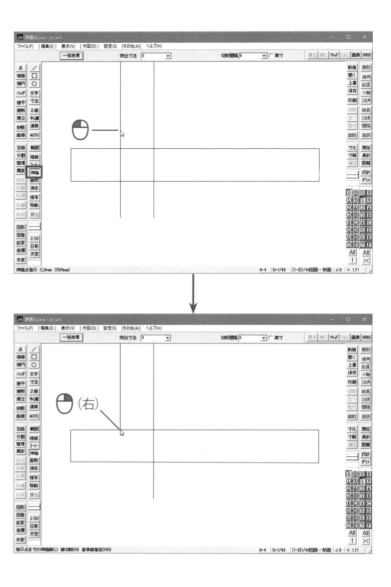

**05** 同様にして、図の垂直線を正しい位置まで縮める。

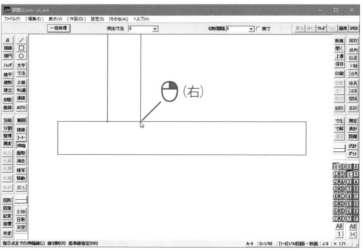

**06** ツールバー「消去」の部分消し
（➡p.52）で、部分消去する。

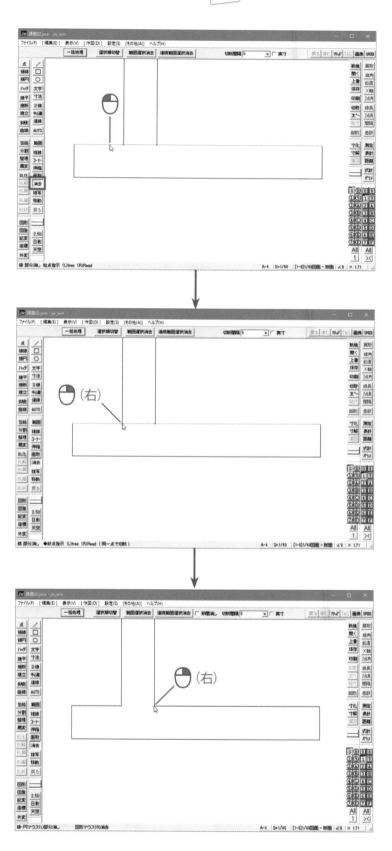

第5章 土木製図を作図

前項に続けて、擁壁内部の鉄筋の姿
線をかきます。

**01** 線属性を「線色6・実線」に設
定する。

**02** ツールバー「複線」(➡p.46) で、
図のように、断面図の輪郭を
内側に複線して、内部に鉄筋
の姿線をかく。

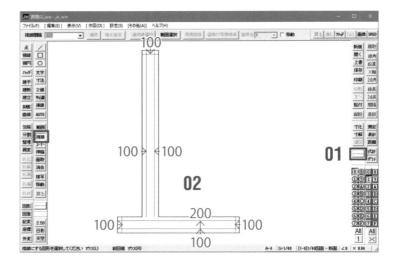

前項に続けて、擁壁内部の鉄筋の姿
線をコーナー処理して整えます。

**01** ツールバー「コーナー」(➡
p.49) で、前項で複線した内部
の線で6つの頂点を角にする。

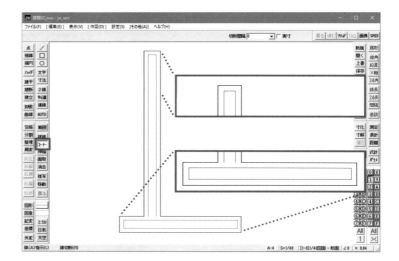

前項に続けて、擁壁内部の垂直方向
の2本の鉄筋の姿線を、下まで伸ばし
ます。

**01** ツールバー「伸縮」(➡p.50) で、
図の2本の垂直線を、下部の水
平線付近まで伸ばす。

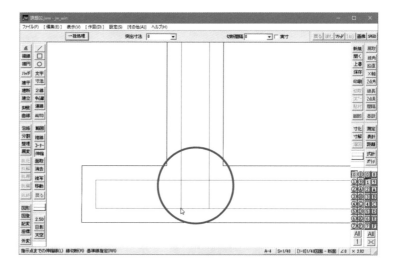

前項に続けて、鉄筋の姿線の外側に補助線をかきます。

**01** 線属性を「補助線色・補助線種」に設定する。

**02** 図のように、ツールバー「範囲」（➡p.96）で、図の垂直方向の長方形を矩形範囲選択する。

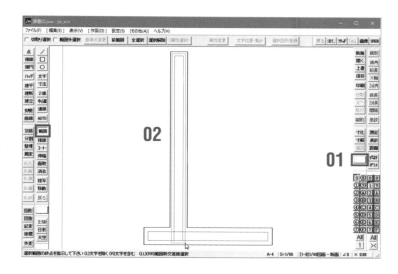

**03** コントロールバー「追加範囲」を🖱️して、図の水平方向の長方形を追加で矩形範囲選択する。

(情報) 一度で範囲選択できない場合は、このように「追加範囲」機能を使います。

**04** ツールバー「複線」（➡p.46）で、複線間隔「13」で、03で選択した2つの長方形全体の外側に複線を作る。

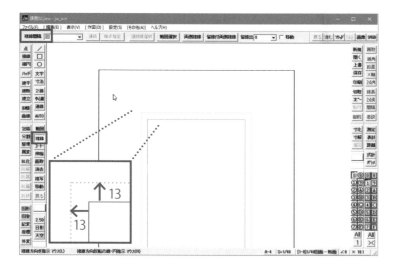

前項で複線した外側の補助線を使い、
逆T形擁壁内部に補助線をかきます。

**01** ツールバー「複線」（➡p.46）で、
複線間隔「200」で、図の垂直
線を右に2本複線する（2本目は
コントロールバー「連続」を使
う）。

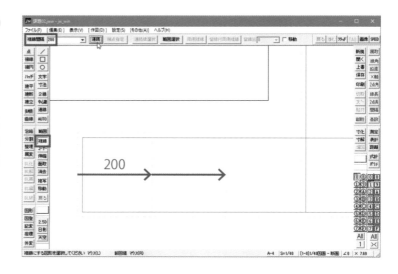

**02** 同様に、図の垂直線を、複線
間隔「250」で、左に7本複線す
る。

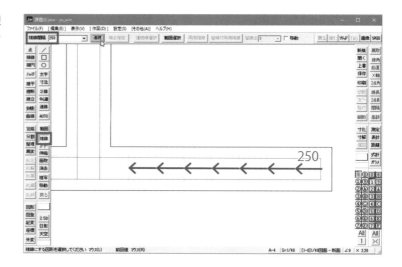

**03** 同様に、図の水平線を下に16
本複線する。最初の2本は複線
間隔「175」、残りの14本は複
線間隔「250」。

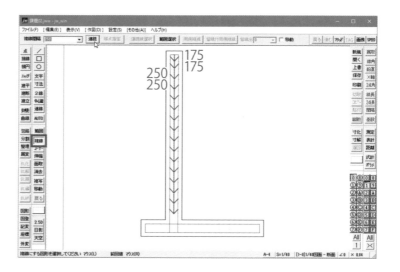

前項で複線した補助線を使い、さらに必要な鉄筋の姿線をかき加えます。

**01** 線属性を「線色6・実線」に設定する。

**02** ツールバー「複線」(➡p.46)で、複線間隔「13」で、図の線をそれぞれ複線する。

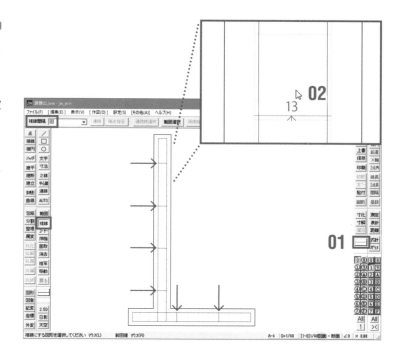

前項と同様に、さらに奥に見える姿線をかき加えます。

**01** 線属性を「線色6・点線2」に設定する(➡p.95)。

**02** ツールバー「複線」(➡p.46)で、複線間隔「13」で、図の線をそれぞれ複線する。

**CD** 第5章フォルダ → 課題02-02.jww

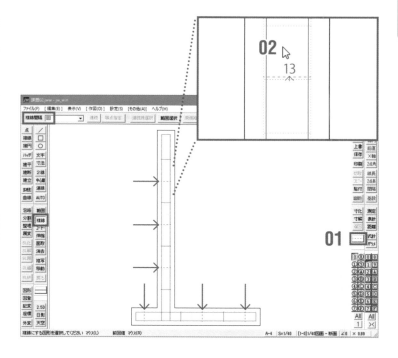

第5章　土木製図を作図

## 鉄筋断面を作図

続けて、鉄筋の断面をかきます。

**01** 線属性を「線色1・実線」に設定する（または確認する）。

**02** ツールバー「○」（➡p.58）で、半径「10」で、図の補助線角を🖱（右）。

（情報） 鉄筋「D13」の断面は半径が約6.5ですが、小さくて印刷時に目立たないので、実際より大きい断面で作図します。

続けて、逆T形擁壁の鉄筋の断面を作図します。

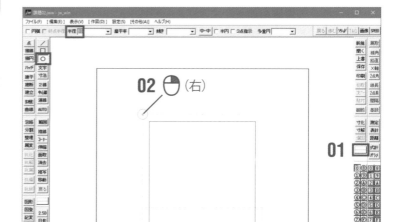

鉄筋の断面を表す円の内部をソリッドで塗りつぶします。

**01** ツールバー「ソリッド」（➡p.29、56）で、コントロールバー「任意色」にチェックを付けてから「任意■」を🖱して黒を選択し、コントロールバー「円・連続線指示」を🖱して、前項でかいた円を🖱。

（注意） 円を🖱（右）すると、内部が塗りつぶされますが、円が消去されてしまいます。

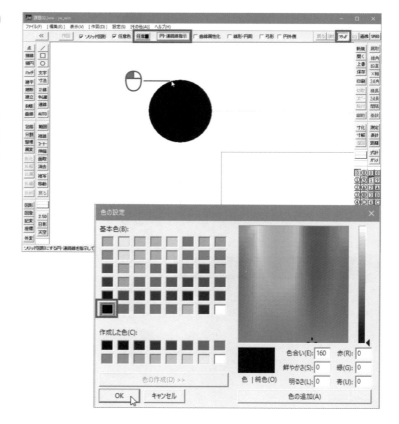

**02** ツールバー「範囲」（➡p.96）で、01でソリッドにした円を矩形範囲選択し、ツールバー「複写」で図の補助線の角に複写する。

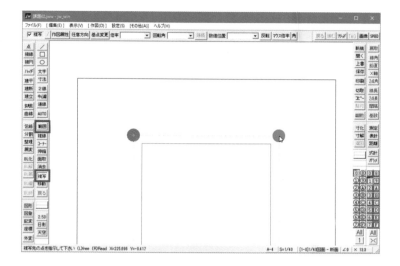

**03** 同様にして、他の個所にも鉄筋断面のソリッド円を作図する。まとめて複写できるところは、ツールバー「範囲」（➡p.96）で複数を選択してから複写する。

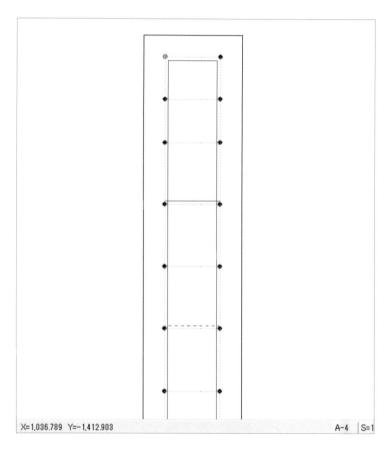

**04** 補助線の角や交点がないとこ
ろは、ツールバー「伸縮」や「中
心線」で一時的に補助線をか
き、読取点を作ってから円を
作図する。

CD 第5章フォルダ → 課題02-03.jww

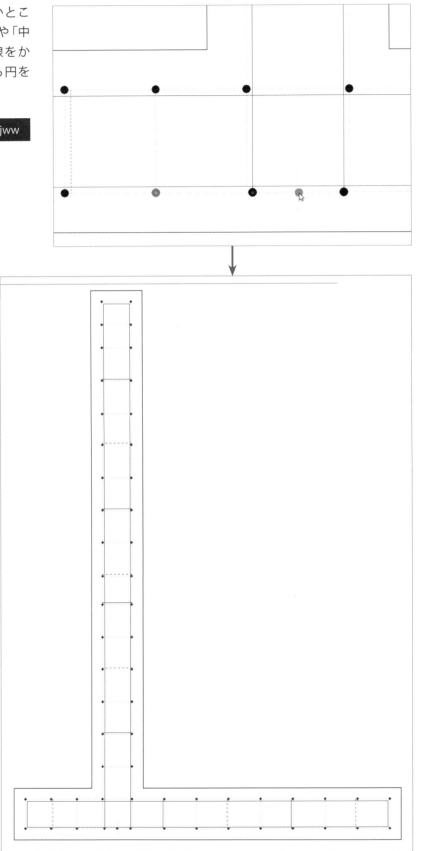

## 鉄筋断面図に寸法を記入

鉄筋の断面図に寸法を記入します。

続けて、鉄筋の断面図に寸法を記入します。

**01** レイヤグループ「1」－レイヤ「1」に設定する。

**02** ツールバー「寸法」（➡p.71）のコントロールバー「設定」で、「文字種類」を「3」にする。

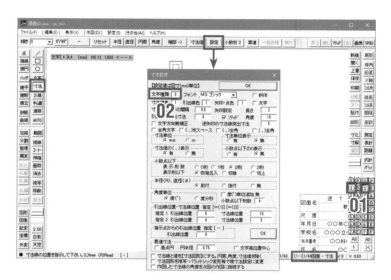

まず、逆T形擁壁の底部の寸法を記入します。

**01** コントロールバー「端部－>」を確認する（違う場合は何度か🖱して切り替える）。

**02** 図のように、適当な寸法線位置を決め、寸法の始点→終点を順次🖱（右）。

**03** コントロールバー「リセット」を🖱。

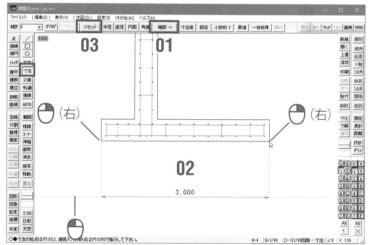

続けて同様にして、逆T形擁壁の上部の寸法を記入します。

**01** 図のように、適当な寸法線位置を決め、寸法の始点→終点を順次🖱（右）。

**02** リセットする。

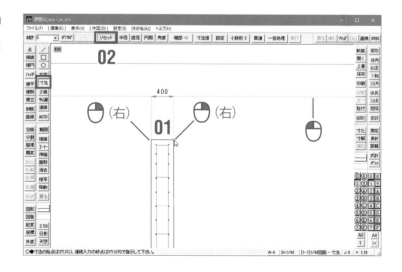

第5章 土木製図を作図

続けて同様にして、逆T形擁壁の底部
の細部寸法および鉄筋間隔寸法を記
入します。

**01** 図のように、底部の細部寸法
を作図する。このとき、鉄筋
の断面は円の中心点を🖱（右）
して寸法を押さえるようにす
る。

**02** リセットする。

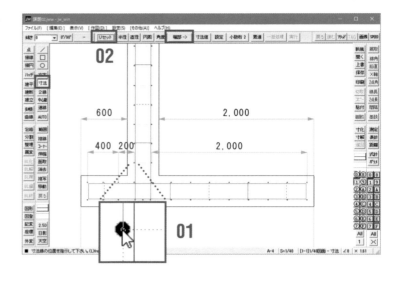

続けて同様にして、逆T形擁壁の高さ
寸法を記入します。

**01** コントロールバー「0°/90°」を
🖱して「傾き」を「90」にする。

**02** 図のように、高さ寸法を作図
する。

**03** リセットする。

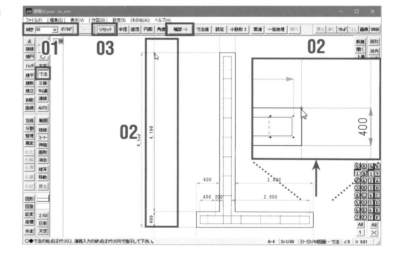

続けて同様にして、逆T形擁壁の高さ
の鉄筋間隔寸法を記入します。

**01** 図のように、適当な寸法線位
置を決める。

**02** まず、図の鉄筋断面中心点の
開始点を🖱（右）。

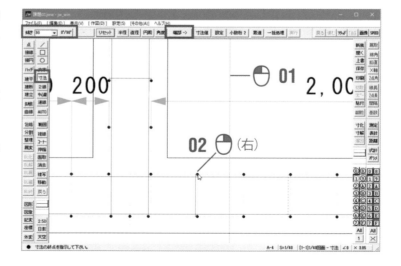

**03** 続けて同様にして、図の鉄筋断面中心点を順次、下から🖱️(右)。

**04** 続けて同様にして、細部の寸法をコントロールバー「端部ー>」「端部ー<」を使い分けて記入する。

**05** リセットする。

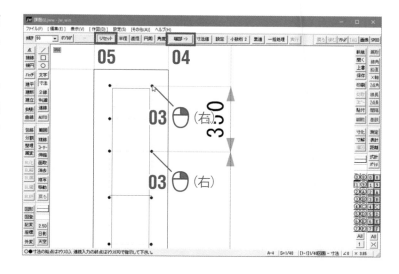

前項までに記入した寸法の一部は寸法線などに重なって見づらいので、不要な寸法値を消去したり、見やすい位置に移動します。Jw_cad独特のショートカットコマンドである「クロックメニュー」を使います。

**01** コントロールバー「端部ー<」を確認して、図のように寸法補助線を記入する。

**02** 図のように🖱️(右)する。

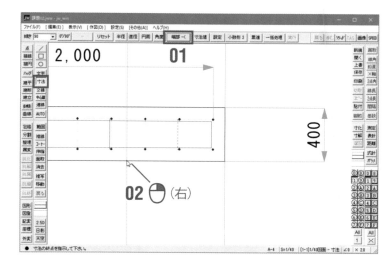

**03** 図のように🖱️(右)すると、寸法「100」が記入される。

**04** リセットする。

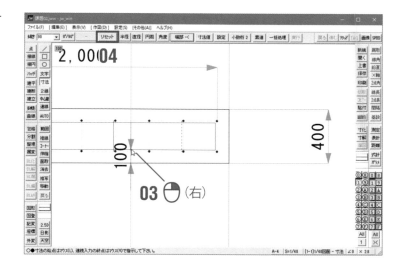

**05** 01〜04と同様の方法で、上の寸法「100」も作図する。ただし、01で寸法補助線を記入する時は、下側の寸法位置を合わせるために🖱（右）で寸法補助線を記入する。

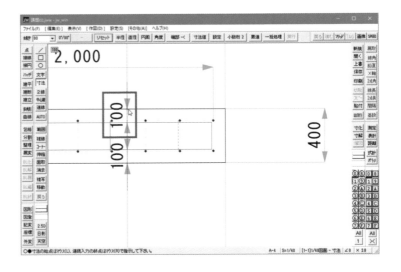

**06** ツールバー「寸法」（➡p.71）で、図の寸法値「100」の上で時計文字盤1時方向に少し🖱⇒（右ドラッグ）し、「クロックメニュー」の「寸法値 移動」が表示されたら、マウスボタンを離す。

**情報** クロックメニューは、通常のコマンド実行中に割り込みで別のコマンドを使う機能です。その種類は50以上あります。

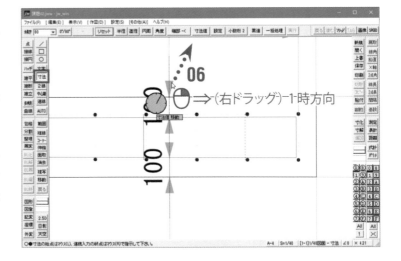

**07** コントロールバー「基点」の「文字基点設定」ダイアログで、「中下」と「文字横方向」を選択する。

**08** 寸法値移動モードになるので、寸法値を目的の見やすい位置に移動する。

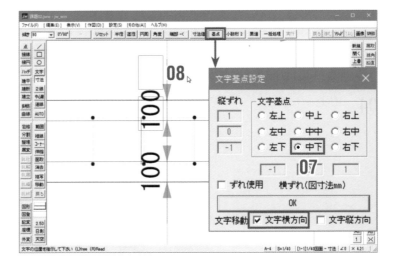

**09** 同様にして、下の寸法値「100」も見やすい位置（下側）に移動する。

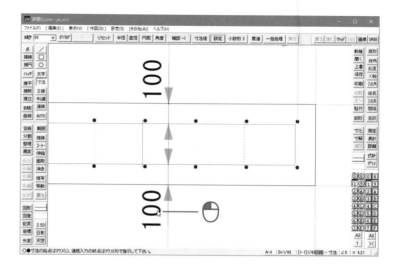

**10** 図の寸法値「2,000」の上で、時計の文字盤の2時方向に少し🖱⇒（右ドラッグ）し、「クロックメニュー」の「寸法値【変更】」が表示されたらマウスボタンを離す。

**11** 「寸法値を変更してください」が開き、ボックスに指示した寸法「2,000」が自動入力されているので、「8x250=2,000」とキー入力する。

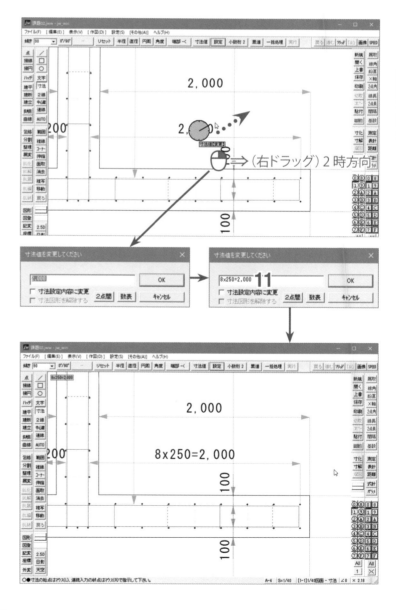

**12** 同様にして、図の寸法値「3,750」も「15x250=3,750」に変更する。

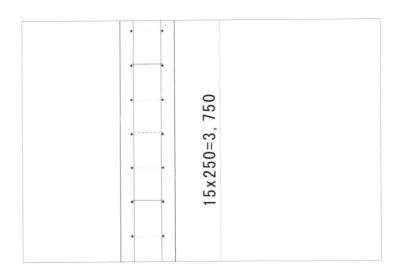

**13** 同様にして、図の寸法値「350」も「175x2=350」に変更する。

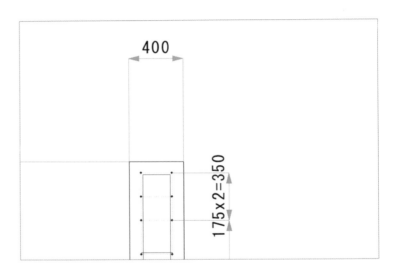

**14** 13で変更した寸法値「175x2=350」は寸法線と重なっているので、右側に移動する（➡ p.174）。このとき、コントロールバー「基点」の「文字基点設定」ダイアログで、「中下」と「文字縦方向」を選択する。

**CD** 第5章フォルダ → 課題02−04.jww

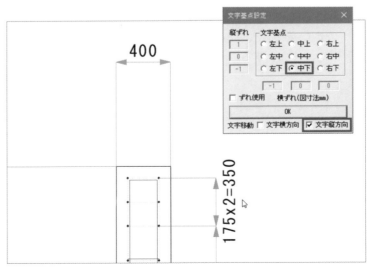

## 鉄筋断面図に説明を記入

断面図と鉄筋組立図に説明を記入します。

断面図に各種の説明を記入します。
記入個所は多いですが、「／」「文字」
「範囲」「複写」「伸縮」コマンドなどを
使い、矢印付きの引出線などをかき、
付近に文字を記入する操作がほとん
どです。これまでの学習内容で作図
練習を進められますので、解説は割
愛します。記入内容はp.159の説明図
を参照してください。

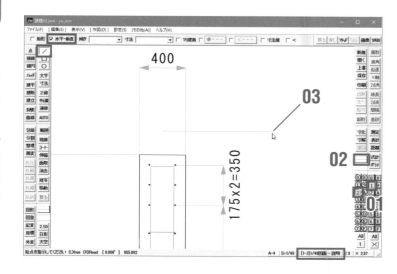

**01** レイヤグループ「1」－レイヤ
「2」に設定する。

**02** 線属性を「線色1・実線」に設
定する。

**03** ツールバー「／」の「水平・垂
直」(➡p.40)で、図のような水
平線をかく。

**04** 図のコントロールバーのボタ
ンにチェックを付けてから「－
－－＞」に設定し、図のように、
垂直下向きの矢印線をかく。

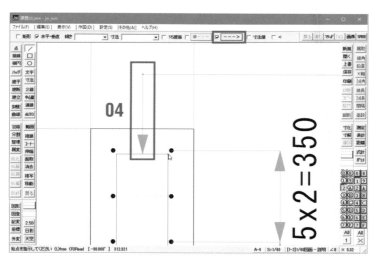

**05** 同様にして、図の矢印線もか
く。

**注意** コントロールバーの矢印ボタン
は、適宜、切り替えてください。

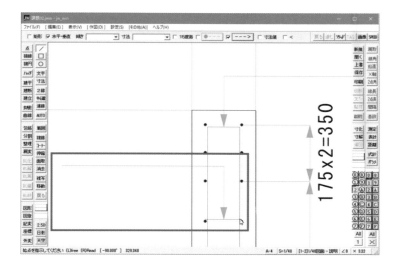

**06** 05でかいた矢印線を使い、図のように、下向き矢印線を6本かく。

**情報** まずツールバー「伸縮」で垂直線を下端まで伸ばし、次にツールバー「範囲」で矢印だけ選択して、それをツールバー「複写」で図形として順次、複写する方法が簡単です。

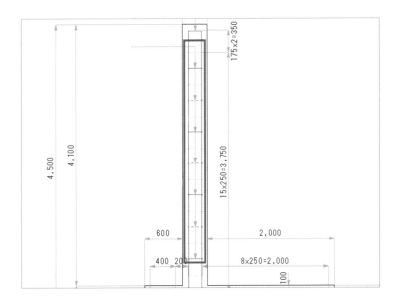

**07** 図の矢印線をかく。

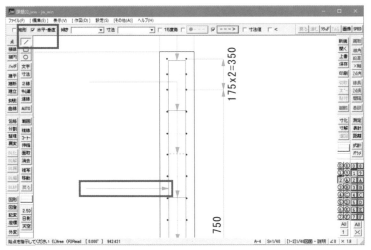

**08** 07でかいた矢印線を、ツールバー「範囲」(➡p.96)で矩形範囲選択し、ツールバー「複写」(➡p.65)のコントロールバー「反転」で、図のように、反対側に線対称複写する。

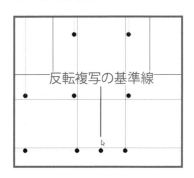

反転複写の基準線

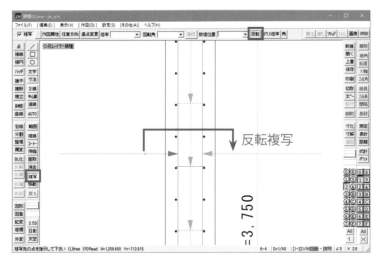

反転複写

**09** 07でかいた矢印線を、ツールバー「複写」のコントロールバー「基点変更」で複写の基点を変更して、他の個所に複写する。

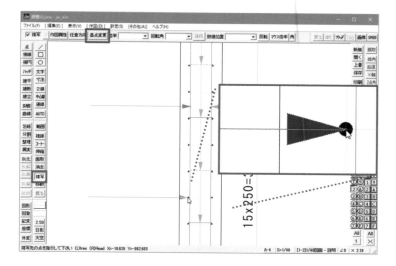

**10** 他の個所にも、順次、矢印付き引出線を作図する。

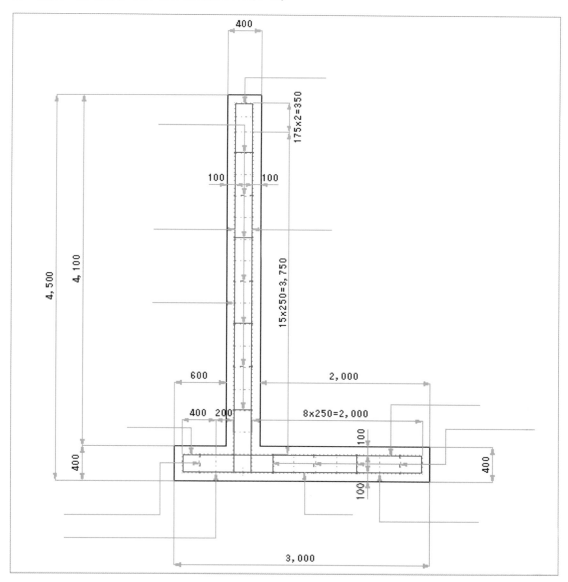

続けて、各所に必要な文字や記号・数字を、引出線に沿わす位置に記入します。

**01** ツールバー「文字」（➡p.99）で「文字種 [6]」に切り替え、「文字入力」ボックスに「〇^wW3」とキー入力する。

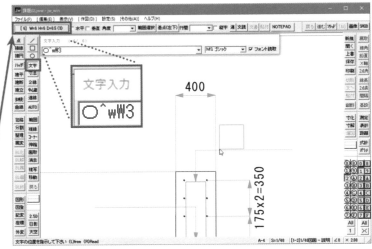

（情報） Jw_cadの特殊文字記入機能です。この例の場合は、「文字入力」ボックスに「^w」を間にはさんで入力すると、その前後に入力した2つの文字列が重なって記入されます。この他、㎡、㊞など、多くの特殊文字が記入できます。

**02** 図の位置付近に記入する。

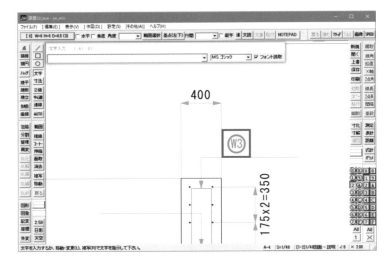

**03** 「文字種 [4]」に切り替え、「文字入力」ボックスに「D13」とキー入力し、図の位置付近に記入する。

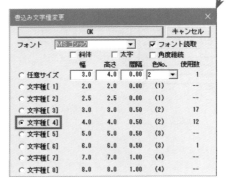

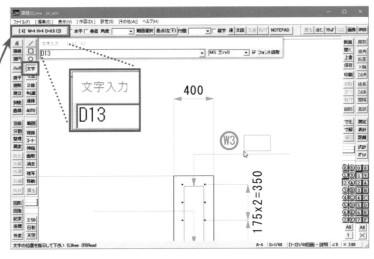

**04** 03までにかいた2つの説明を、
他の個所に複写する。

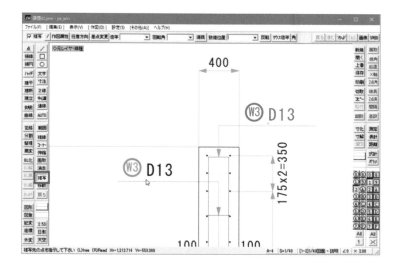

**05** 必要に応じて、変更個所の文
字を記入し直す。変更する文
字列を🖱️し、「文字変更・移動」
ボックスで文字を変更し、記
入位置を指示する。

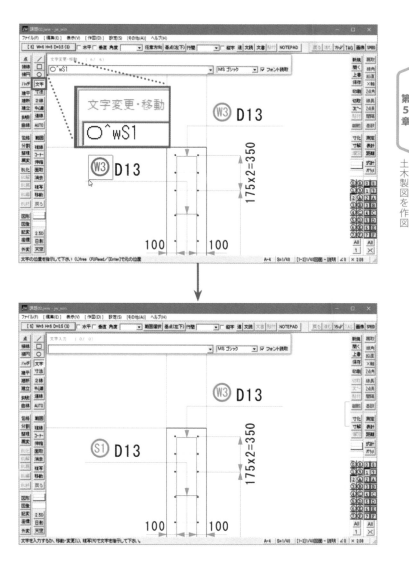

第5章　土木製図を作図

必要に応じて、ツールバー「伸縮」（➡
p.50）で、引出線の長さを整えます。

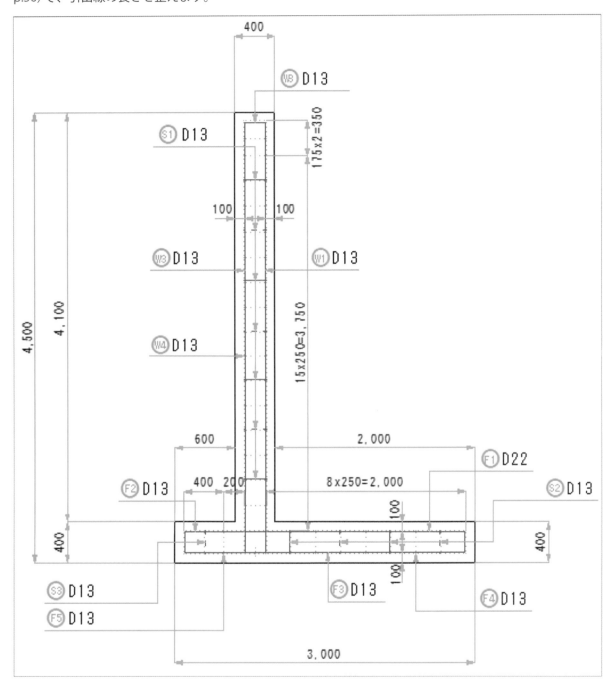

以上で、土木製図の作図〈課題1・2〉の作図練習は終了です。
製図には細かい箇所が多いと思われたでしょうが、作図操作に使うJw_cadのコマンドの種類は少なく、操作方法も単純作業の繰り返しです。次の第6章の測量図も同様です。頑張って先に進んでください。

 第5章フォルダ → 課題02-05.jww

# 第6章

# 測量図を作図

「トラバース」とは、ある地域を測量する場合の骨組の一種で、測量に必要な「測点」を定め、「測線」を結んで折れ線としたものです。「閉合トラバース」とは、ある出発点から始め、最後に出発点に戻り、多角形を作る折れ線です。「開放トラバース」とは、出発点には戻らず、多角形を作らない折れ線です。ここで、トラバースの各測点の位置を求める測量を「トラバース測量」と呼びます。

〈課題3〉
# 閉合トラバースを作図

あらかじめ用意した閉合トラバース測量による座標データをもとに、閉合トラバースを作図します。「座標ファイル」コマンドを使う方法と、「複線」コマンドで合緯距(y)と合径距(x)の座標を求めて、それらの点を折れ線で結ぶ方法の、2つを紹介します。

## 《 製図のポイント 》

◉ あらかじめ用意したJw_cadの図面ファイル「課題03.jww」を開き、利用します。

◉ あらかじめ用意した閉合トラバース測量による座標データ(➡次ページの表。「Microsoft Excel」のシート)をもとに、「課題03.jww」上で、閉合トラバースを作図します。

◉ 座標データは、m単位で入力します(基本設定で「m単位入力」にチェックが必要➡ p.186)。

◉ 合緯距(y)と合径距(x)の±0地点の基準線は、細線の一点鎖線(本書では**線色1・一点鎖**)で作図します。

◉ 各測点は、見えない点(本書では**補助線色・補助線種**)と半径0.5mの円は、細線の実線(本書では**線色1・実線**)で作図します。

◉ 各測点間の長さ線は、太線の実線(本書では**線色2・実線**)で作図します。

◉ 文字の大きさは、各測点間の長さ(距離寸法文字)を**文字種[4]**、面積を**文字種[4]**で作図します。

◉ レイヤ設定は、下表のとおりです。

| レイヤグループ | レイヤグループ名 |
|---|---|
| 0 | トラバース |

| 縮尺 | レイヤ | レイヤ名 |
|---|---|---|
| 1/600 | 0 | 基準線 |
| | 1 | トラバース |

測点：補助線色・補助線種

測点の円：線色1・実線

測点間の長さ線：線色2・実線

基準線：線色1・一点鎖

側点番号、測点間の距離寸法文字：文字種[4]

**面積**：18,869.191m²

面積の文字：文字種[4]

合緯距 +

合径距 +

N

3　42.062m　2　34.569m　1

26.436m

14

36.665m

4

42.633m

54.516m

13

36.240m

5

12

28.844m

完成例 → p.13

ここで使う閉合トラバース測量の座標データは、表のとおりです。この座標データを、Jw_cadの「座標ファイル」機能を使い、図面ファイル「課題03.jww」に読み込み、それを元にして、閉合トラバースを作図します。

| 測点 | 合緯距（y座標値） | 合径距（x座標値） | 測線 | 距離 |
|---|---|---|---|---|
| 1 | 0.000 | 0.000 | 1〜 2 | 34.569 |
| 2 | -4.790 | -34.236 | 2〜 3 | 42.062 |
| 3 | 1.665 | -75.800 | 3〜 4 | 36.665 |
| 4 | -34.666 | -80.738 | 4〜 5 | 54.516 |
| 5 | -89.129 | -83.140 | 5〜 6 | 28.844 |
| 6 | -110.520 | -102.489 | 6〜 7 | 30.093 |
| 7 | -140.524 | -104.801 | 7〜 8 | 44.111 |
| 8 | -183.160 | -93.490 | 8〜 9 | 52.532 |
| 9 | -189.284 | -41.316 | 9〜10 | 52.952 |
| 10 | -160.451 | 3.098 | 10〜11 | 43.380 |
| 11 | -135.821 | 38.808 | 11〜12 | 41.358 |
| 12 | -95.712 | 28.720 | 12〜13 | 36.240 |
| 13 | -68.306 | 5.008 | 13〜14 | 42.633 |
| 14 | -25.691 | 6.230 | 14〜 1 | 26.436 |

CD 第6章フォルダ → 閉合トラバース測量計算結果.xlsx

## 閉合トラバースの座標ファイルを作成

あらかじめ用意した閉合トラバース測量による座標データを、Jw_cad用の座標ファイルに編集します。

閉合トラバース測量の座標データを、Jw_cad用の座標ファイルに編集します。文書作成ソフト（Windows付属のテキストファイル作成ソフト「メモ帳」など）で編集します。

**01** 「メモ帳」で合緯距（y座標値）と合径距（x座標値）を入力する。両座標値間は半角スペース（1文字以上）でアキを作り、最後の行として最初の行と同じ値「0.000 0.000」を入力する（開始測点と終了測点を閉合させるため）。

**02** この座標データを、適当なファイル名を付けて保存し（ここでは「閉合トラバースデータ.txt」）、「メモ帳」を終了する。

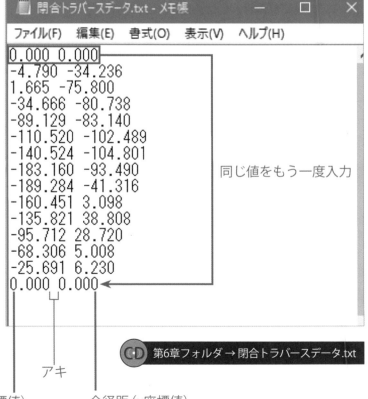

閉合トラバースデータ.txt - メモ帳

ファイル(F)　編集(E)　書式(O)　表示(V)　ヘルプ(H)

```
0.000 0.000
-4.790 -34.236
1.665 -75.800
-34.666 -80.738
-89.129 -83.140
-110.520 -102.489
-140.524 -104.801
-183.160 -93.490
-189.284 -41.316
-160.451 3.098
-135.821 38.808
-95.712 28.720
-68.306 5.008
-25.691 6.230
0.000 0.000
```

同じ値をもう一度入力

CD 第6章フォルダ → 閉合トラバースデータ.txt

アキ

合緯距（y座標値）　　合径距（x座標値）

## 座標ファイルから閉合トラバースを作図

前項でJw_cad用の座標ファイルとして保存した閉合トラバース測量による「閉合トラバースデータ.txt」を、Jw_cadの座標ファイル機能を使い、閉合トラバースに変換し、作図します。

座標ファイル「閉合トラバースデータ.txt」を、図面ファイル「課題03.jww」に読み込みます。

**01** 「C：」ドライブ→「jww」フォルダ→「練習ファイル」フォルダ→「第6章」フォルダの「課題03.jww」を開く。

> **CD** 第6章フォルダ → 課題03.jww

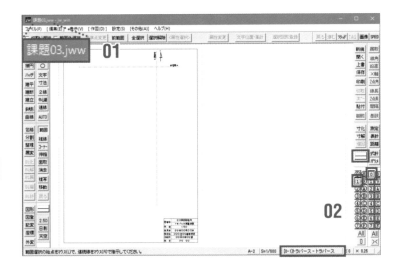

**02** レイヤグループ「0」－レイヤ「1」、線属性「線色2・実線」を確認する。

**03** p.29〜30で設定した基本設定を確認する（「課題03.jww」を使う場合は確認不要）。そして追加設定として、「一般(2)」タブ（➡p.30）の「m単位入力」にチェックを付ける。

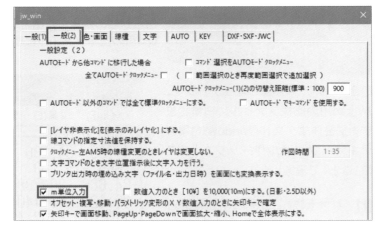

**04** ツールバー「座標」（「座標ファイル」コマンド）を🖱。

**05** コントロールバー「ファイル名設定」を🖱。

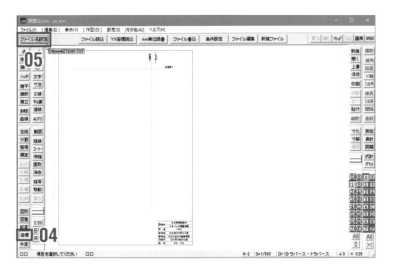

**06** 図のように、フォルダをたどって、前項で用意した座標ファイル「閉合トラバースデータ.txt」を選択し、「開く」を🖲。

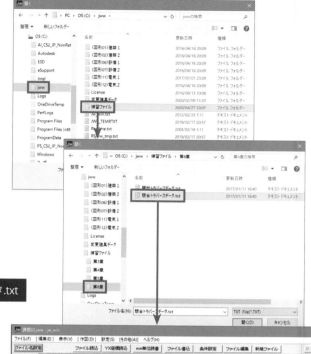

CD 第6章フォルダ → 閉合トラバースデータ.txt

画面上の変化はありませんが、作図ウィンドウ左上に、読み込まれた座標ファイルのフォルダ名とファイル名が表示されます。

**07** コントロールバー「mm単位読書」を🖲して、「m単位読書」に設定する。

**08** コントロールバー「YX座標読込」を🖲。

情報 「閉合トラバースデータ.txt」をy座標値→x座標値の順に入力しているため「YX座標読込」を選択します。x座標値→y座標値の順に入力している場合は「ファイル読込」を選択します。

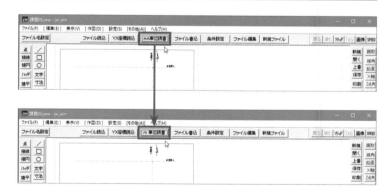

**09** 読み込んだ座標ファイル「閉合トラバース.txt」が自動変換されて閉合トラバースのデータになり、マウスポインタの動きに追従するようになる。

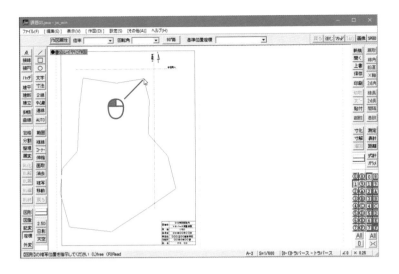

**10** 閉合トラバースのデータを作図する位置として、ここでは、図のように作図済みの一点鎖線の交点で🖱(右)。

図のように、閉合トラバースが作図されます。

💿 第6章フォルダ → 課題03-01.jww

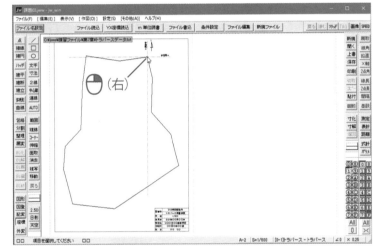

## 閉合トラバースに測点を作図

前項で作図した閉合トラバース上に、14カ所の測点を作ります。

前項で作図した閉合トラバース上に、14カ所の測点を作ります。測点は、点と円の2つで表現します。

**01** 線属性を「補助線色・補助線種」に設定して、ツールバー「点」(➡p.113)で、まず図の位置に点を打つ。

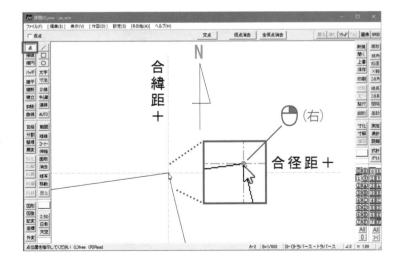

高校生から始めるJw_cad 土木製図入門［Jw_cad 8.10b対応］

**02** 線属性を「線色1・実線」に設定して、ツールバー「○」（➡ p.58）で、01と同じ図の位置に半径「0.5」の円をかく。

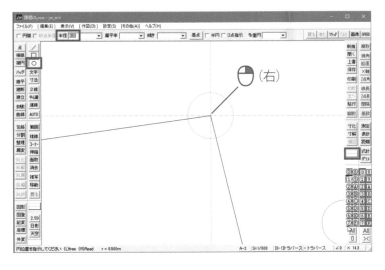

**03** ツールバー「複写」（➡p.65）で、02までで作図した点と円を、p.13の完成図例およびp.185の表を参照して、他のすべての測点に複写して作図する。

CD 第6章フォルダ → 課題03-02.jww

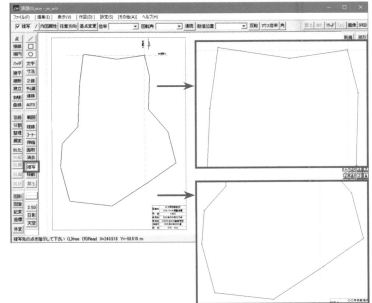

**04** ツールバー「文字」（➡p.99）の「文字種[4]」で、14カ所の測点に必要な文字を記入する。

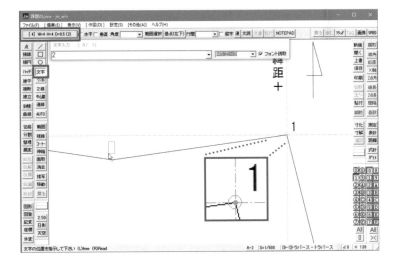

第6章　測量図を作図

**05** ツールバー「伸縮」(➡p.50)で、測点の円内に残る閉合トラバースを消去する(14カ所すべて)。

🅒🅓 第6章フォルダ → 課題03−03.jww

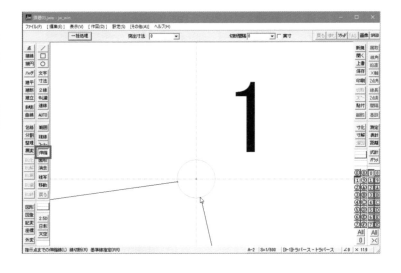

## 閉合トラバースの測点間距離を測定して記入

閉合トラバースの14カ所の測点間の距離を測定して、その値(文字)を記入します。記入後、文字を辺(線)に平行に沿わせるよう移動します。

14カ所の測点間の距離を測定し、その値を記入します。

**01** ツールバー「測定」(➡p.79)で、コントロールバー「書込設定」を🖱。

**02** 図のコントロールバーのボタンを何度か🖱して、「文字 4」に設定する。

**03** コントロールバー「OK」を🖱。

**04** コントロールバー「距離測定」を🖱。

**05** まず、測点1を🖱(右)し、続けて測点2も🖱(右)し、コントロールバー「測定結果書込」を🖱。

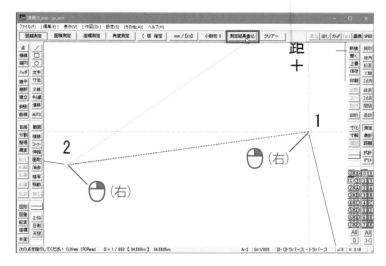

**06** 測定結果を記入する適当な位置を🖱。

**07** コントロールバー「クリアー」を🖱。

**情報** 寸法記入と同様に、1つの個所の測定が終わったら、必ず「クリアー」を行ってください。

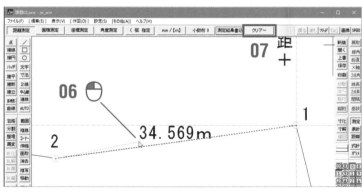

**08** ツールバー「文字」（➡p.99）で、「線角度取得」を使い、測定結果の文字を、その個所の線の傾きに沿うよう移動する（➡p.156）。

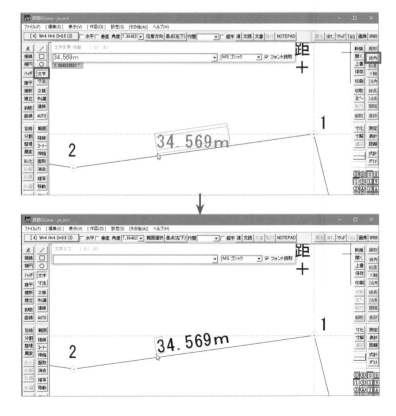

**09** 同様にして、すべての辺を測定して、記入する。

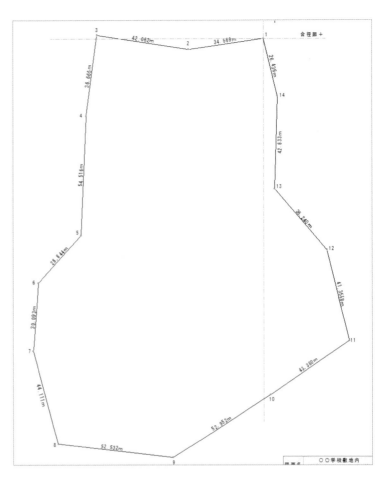

## 閉合トラバース領域全体の面積を測定して記入

閉合トラバースが囲む領域全体の面積を測定し、その値を記入します。

閉合トラバースが囲む領域全体の面積を測定して、その値（文字）を記入します。記入後、文字を整えます。

**01** ツールバー「測定」（➡p.79）で、コントロールバー「面積測定」を🖱。

**02** 測点1を🖱（右）。

**03** 続けて、測点2を🖱（右）し、その後も隣の測点を🖱（右）し、最後に測点14を🖱（右）。

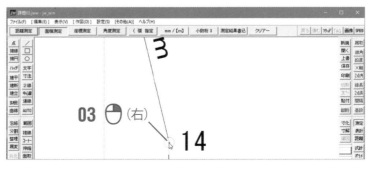

**04** コントロールバー「測定結果書込」を🖱。

**05** 測定結果を記入する適当な位置を🖱。

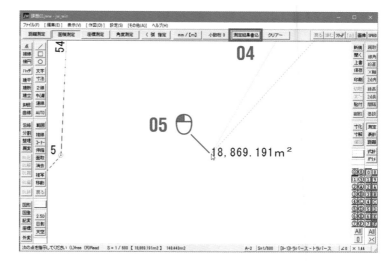

**06** ツールバー「文字」(➡p.99) で、面積測定結果の文字を🖱。

**07** 「文字入力」ボックスに自動入力された「18,869.191 ㎡」を、「面積：18,869.191 ㎡」に書き換える。

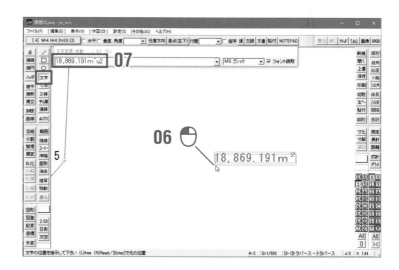

**08** あらためて記入する適当な位置を🖱。

以上で、閉合トラバースの作図は完了です。

🆑 第6章フォルダ→ 課題03-04.jww

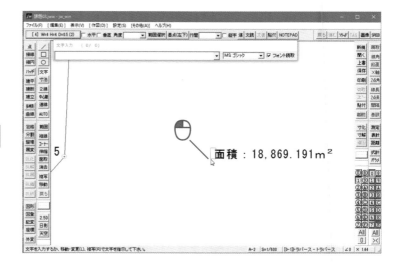

前項までに作図した14カ所の測点の合緯距（y）と合径距（x）の座標が、座標データ「閉合トラバースデータ.txt」と一致するか、確認します。

前項に続けて、最初から作図済みだった水平および垂直の基準線を複線することで、座標データである「閉合トラバースデータ.txt」の値と、前項までに作図した14カ所の測点の合緯距（y）と合径距（x）の座標が一致するかどうかを確認します。

**01** 線属性を「補助線色・補助線種」に設定する。

**02** まず測点2の座標を確認するので、ツールバー「複線」（➡p.46）の複線間隔「4.79」（閉合トラバースデータの合緯距（y）の値をキー入力）で水平の基準線を測点2の位置に複線する。このとき、コントロールバー「端点指定」を🖱してから複線先（始点→終点）を適当に指示する。

**03** 複線方向確定の🖱。

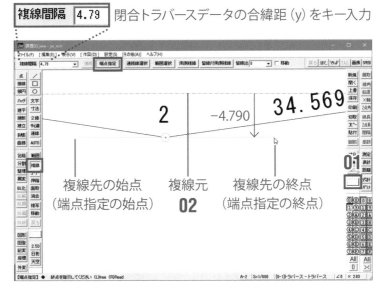

閉合トラバースデータの合緯距（y）をキー入力

複線先の始点（端点指定の始点）　複線元　複線先の終点（端点指定の終点）

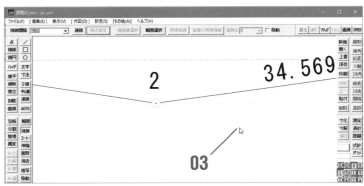

**04** 同様にして、垂直の基準線を測点2の位置に、閉合トラバースデータの合経距（x）の値で複線する。複線間隔は「34.236」となる。

図でわかるとおり、測点2の位置は「閉合トラバースデータ.txt」の値と一致していることが確認できました。
同様にして、測点3～14についても複線することで確認してください（➡次ページ）。

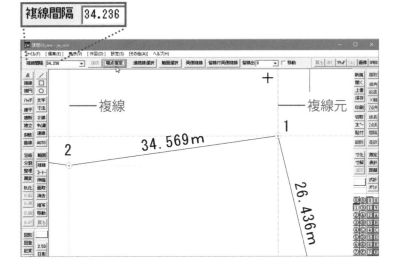

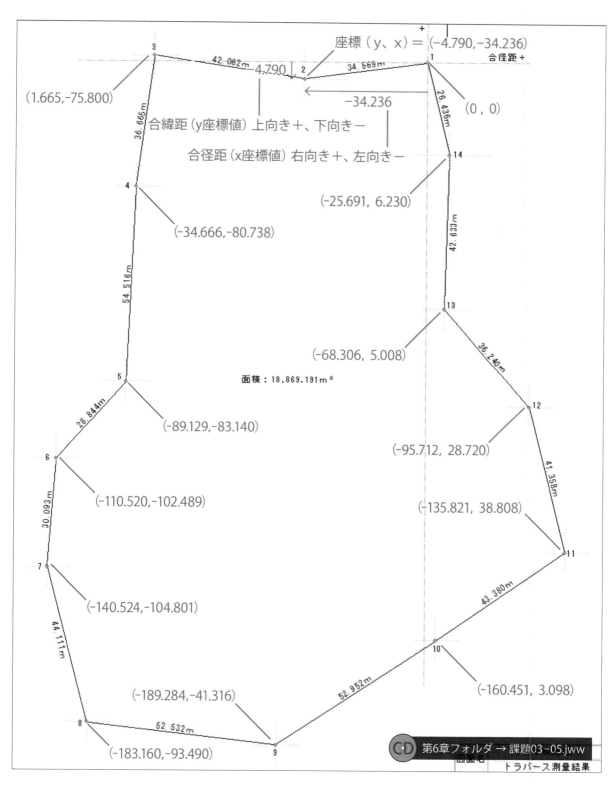

座標（y、x）=（−4.790,−34.236）

合径距＋

（1.665,−75.800）

合緯距（y座標値）上向き＋、下向き−

合径距（x座標値）右向き＋、左向き−

（−34.236）

（0 , 0）

（−25.691, 6.230）

（−34.666,−80.738）

（−68.306, 5.008）

面積：18,869.191m²

（−89.129,−83.140）

（−95.712, 28.720）

（−110.520,−102.489）

（−135.821, 38.808）

（−140.524,−104.801）

（−160.451, 3.098）

（−189.284,−41.316）

（−183.160,−93.490）

第6章フォルダ → 課題03−05.jww

図面名 トラバース測量結果

なお、前ページで行った測点の確認方法を応用すれば、「座標ファイル」機能を利用せずに閉合トラバースを作図できます。水平および垂直の基準線を、「閉合トラバースデータ.txt」の合緯距（y）と合径距（x）の座標値に合わせた複線間隔で、各測点にそれぞれ複線し（端点指定複線で短めの線にします）、交点を作ります。これらの交点を直線で結べば、閉合トラバースになります。

〈課題4−1〉

# 開放トラバースおよび計画道路の平面図を作図

Section 2以降では、既存道路を改良する計画道路の、平面図・縦断面図・横断面図（土量計算）を順次、作図します。計画道路の平面図は、あらかじめ測量して作成した既存道路およびその周辺の平面図を利用します。また、あらかじめ用意した開放トラバース測量による座標データを元に、「座標ファイル」を使う方法で開放トラバースを作図し、計画道路図も作図します。

## 《 製図のポイント 》

- ◉ あらかじめ用意したJw_cadの図面ファイル「課題04−1.jww」を開き、利用します。
- ◉ あらかじめ用意した開放トラバース測量による座標データ（➡次ページの表。「Microsoft Excel」のシート）をもとに、「課題04−1.jww」上で、既存道路に設けた路線始点（B.P）を基点にした開放トラバースを作図します。
- ◉ すべての数値は、m単位で入力します（基本設定で「m単位入力」にチェックが必要 ➡ p.186）。
- ◉ 開放トラバースは、互いに平行しない2つの直線で、それを新設道路の基準線と想定します。基準線は、**細線の一点鎖線**（本書では**線色1・一点鎖**）で作図します。
- ◉ 上記の直線をもとに、新設道路のカーブとなる単心曲線（単曲線）を作図します（半径R＝150m）。単心曲線（単曲線）は道路中心線となり、**太線の実線**（本書では**線色2・実線**）で作図します。
- ◉ 直線と単心曲線（単曲線）の交点となる円曲線始点（B.C）および円曲線終点（E.C）に点を作図します。点は、**太線の実線**（本書では**線色2・実線**）で作図し、半径0.5mの円を細線の実線（本書では**線色1・実線**）を点の回りに作図します。
- ◉ 測点をNo.1 ～ 7まで20m間隔で設置します。測点は、**太線の実線**（本書では**線色2・実線**）で作図します。
- ◉ 計画道路の幅員は6m（道路中心線から3m＋3m）とし、赤色実線（本書では**線色8・実線**）で作図します。
- ◉ 文字の大きさは、測点などを**文字種 [4]**、説明を**文字種 [6]** で作図します。
- ◉ 寸法線および引出線は、**細線の実線**（本書では**線色1・実線**）、寸法値の大きさは、**文字種 [3]** で作図します。
- ◉ レイヤ設定は、右表のとおりです。
- ◉ 下表がここで使う開放トラバース測量の座標データです。この値をJw_cadの「座標ファイル」機能で図面ファイル「課題04−1.jww」に読み込み、それを元にして開放トラバースを作図します。

| レイヤグループ | レイヤグループ名 | 縮尺 | レイヤ | レイヤ名 |
|---|---|---|---|---|
| 0 | 平面図 | 1/500 | 0 | トラバース |
| | | | 1 | 平面曲線 |
| | | | 2 | 計画道路 |
| | | | 3 | 寸法 |
| | | | F | 既存 |

| 測点 | 観測角 | 方位角 | COS | SIN | 測線 | 距離 | 緯 距 N(+) | 緯 距 S(−) | 径 距 N(+) | 径 距 S(−) | 合緯距(y) | 合径距(x) |
|---|---|---|---|---|---|---|---|---|---|---|---|---|
| B.P | | 74° 29'20" | 0.26743 | 0.96358 | B.P～I.P | 69.334 | 18.542 | | 66.8090 | | 0.000 | 0.000 |
| I.P | 163° 38'10" | 90° 51'10" | −0.14880 | 0.99989 | I.P～E.P | 75.631 | | 1.125 | 75.6323 | | 18.542 | 66.809 |
| E.P | | | | | | | | | | | 17.417 | 142.432 |
| 計 | | | | | | | 18.542 | 1.125 | 14.4320 | 0.000 | | |

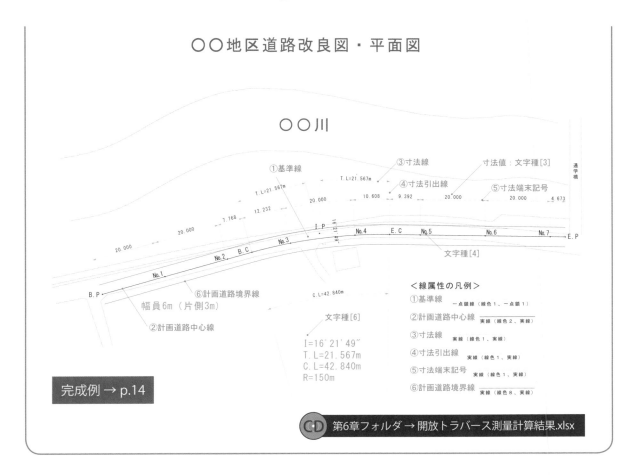

○○地区道路改良図・平面図

○○川

① 基準線
③ 寸法線
寸法値：文字種[3]
④ 寸法引出線
⑤ 寸法端末記号
文字種[4]

＜線属性の凡例＞
① 基準線　　　　　　－点鎖線（線色1、一点鎖1）
② 計画道路中心線　　実線（線色2、実線）
③ 寸法線　　　実線（線色1、実線）
④ 寸法引出線　　　実線（線色1、実線）
⑤ 寸法端末記号　　実線（線色1、実線）
⑥ 計画道路境界線　　実線（線色8、実線）

⑥ 計画道路境界線
幅員6m（片側3m）
② 計画道路中心線

文字種[6]

I=16°21′49″
T.L=21.567m
C.L=42.840m
R=150m

完成例 → p.14

CD 第6章フォルダ → 開放トラバース測量計算結果.xlsx

## 開放トラバースの座標ファイルを作成

あらかじめ用意した開放トラバース測量による座標データを、Jw_cad用の座標ファイルに編集します。

p.185 〜の閉合トラバースの場合と同様にして、あらかじめ用意した開放トラバース測量の座標データ「開放トラバースデータ.txt」を、「メモ帳」で読み込んでJw_cad用の座標ファイルに編集し、あらかじめ用意した図面ファイル「課題04−1.jww」に開放トラバースデータとして読み込みます。

開放トラバースデータ.txt - メモ帳

ファイル(F)　編集(E)　書式(O)　表示(V)　ヘルプ(H)

0.000 0.000
18.542 66.809　　01
17.417 142.432

アキ

合緯距（y座標値）合径距（x座標値）

**01** 「メモ帳」で合緯距（y座標値）と合径距（x座標値）を入力する。両座標値間は半角スペース（1文字以上）でアキを作る。

CD 第6章フォルダ → 開放トラバースデータ.txt

**02** この座標データを、適当なファイル名（ここでは「開放トラバースデータ.txt」）を付けて保存し、「メモ帳」を終了する。

第6章

測量図を作図

## 座標ファイルから開放トラバースを作図

前項でJw_cad用の座標ファイルとして保存した開放トラバース測量による「開放トラバースデータ.txt」を、Jw_cadの座標ファイル機能を使い、開放トラバースに変換し、作図します。

座標ファイル「開放トラバースデータ.txt」を、図面ファイル「課題04-1.jww」に読み込みます。

**01** 「C：」ドライブ→「jww」フォルダ→「練習ファイル」フォルダ→「第6章」フォルダの「課題04-1.jww」を開く。

CD 第6章フォルダ → 課題04-1.jww

**02** レイヤグループ「0」-レイヤ「0」、線属性「線色2・実線」を確認する。

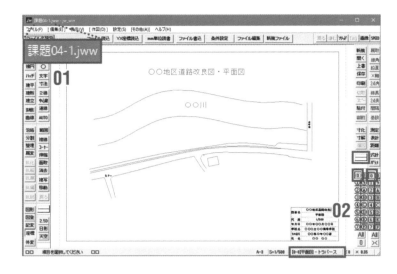

**03** 基本設定の「一般（2）」タブ（➡p.30）の「m単位入力」にチェックが付いているかを確認する（ない場合はチェックを付ける）。

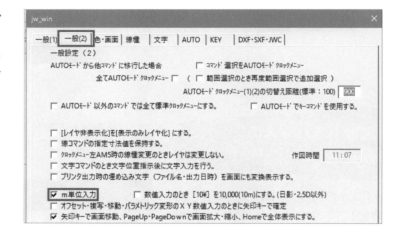

**04** ツールバー「座標」（➡p.186）を🖱。

**05** コントロールバー「ファイル名設定」を🖱。

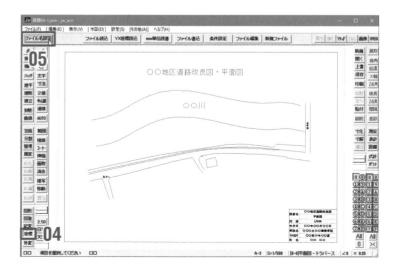

**06** 図のように、フォルダをたどって、前項で用意した座標ファイル「開放トラバースデータ.txt」を選択し、「開く」を🖱。

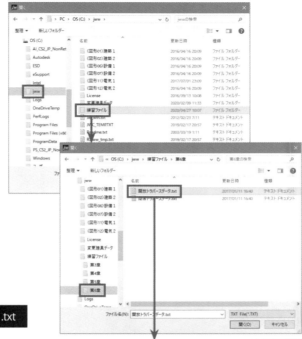

CD 第6章フォルダ → 開放トラバースデータ.txt

画面上の変化はありませんが、作図ウィンドウ左上に、読み込まれた座標ファイルのフォルダ名とファイル名が表示されます。

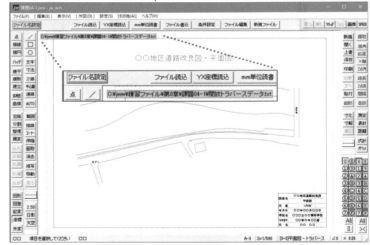

**07** コントロールバー「mm単位読書」を🖱して、「m単位読書」に設定する。

**08** コントロールバー「YX座標読込」を🖱。

情報 「開放トラバースデータ.txt」をy座標値→x座標値の順に入力しているため。

**09** 08の結果、読み込んだ座標ファイル「開放トラバース.txt」が自動変換されて開放トラバースのデータになるので、それを作図ウィンドウに表示させるために、マウスポインタを下側に移動する。

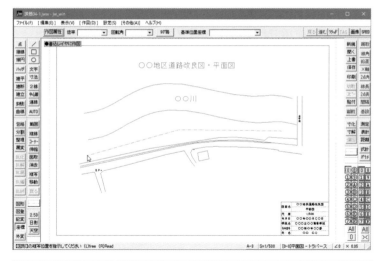

**10** 座標ファイル「開放トラバース.txt」を作図する位置として、ここでは、図のように作図済みのB.P点で🖱（右）。

図のように、開放トラバースが作図されます。

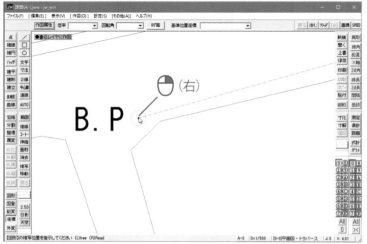

## 開放トラバースの測点I.PおよびE.Pを作図

まず、開放トラバースの一部を伸ばします。

**01** ツールバー「伸縮」（➡p.50）で、図の開放トラバースを、平面図の線をまたぐ右上方向の位置まで伸ばす。

測点のI.PとE.Pを複写して作図します。

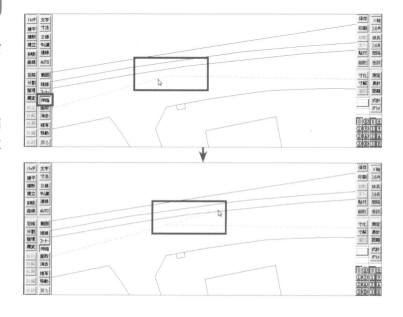

**02** ツールバー「範囲」(➡p.96)で、図の測点の文字と点および円を矩形範囲選択する。

**03** コントロールバー「基準点変更」を🖱して、基準点を図の点に設定する。

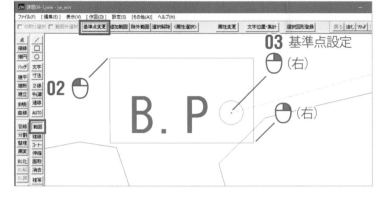

**04** ツールバー「複写」(➡p.65)で、複写先として、図の交点を🖱(右)。

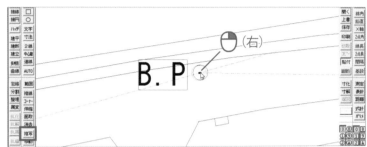

**05** 続けて同様にして、複写先として、図の端点を🖱(右)。

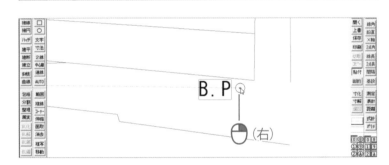

**06** ツールバー「文字」(➡p.99)で、04で複写した「B.P」を図の位置に移動してから、「I.P」に変更する。

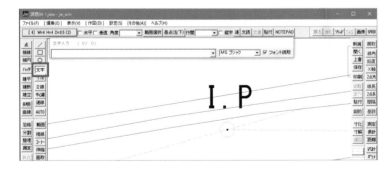

**07** 同様にして、05で複写した「B.P」を図の位置に移動してから、「E.P」に変更する。

以上で、開放トラバースの作図は完了です。

第6章フォルダ → 課題04-1-01.jww

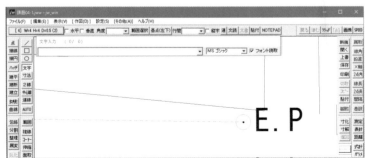

## 計画道路の中心線を作図

計画道路の中心線を「単心曲線（単曲線）」で作図します。これは、異なる方向の直線を1つの円曲線で接続する基本的な曲線のことで、コンパスでかける単純な円弧です。

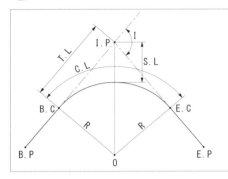

B.C : 円曲線始点 （Begining Curve）
E.C : 円曲線終点 （End Curve）
I.P : 交点 （Intersection Point）
R ： 半径 （Radius of curve）
I ： 交角 （Intersection angle）
O ： 中心点
B.P : 路線始点 （Begining Point）
E.P : 路線終点 （End curve Point）
T.L : 接線長 （Tangent Length）
C.L : 曲線長 （Curve Length）
S.L : 外線長 （Secant Length）

☆単心曲線の基本3公式

$$T.L（接線長）= R\ \tan\frac{I}{2}$$

$$C.L（曲線長）= \frac{\pi RI}{180°}$$

$$S.L（外線長）= R\left[\frac{1}{\cos\frac{I}{2}}-1\right]$$

単心曲線（単曲線）の各部の記号と公式（CADを使わずに計算する方法 ➡ p.218）

**01** レイヤ「1」を書込レイヤに切り替える。

**02** 線属性を「線色2・実線」に設定する。

**03** ツールバー「接円」（➡p.62）で、コントロールバー「半径」に「150」をキー入力する。

**04** 接円の基準線として、左側の基準線（一点鎖線）→右側の基準線（一点鎖線）を順次⊖。

**05** 接円のでき方は2通りあるが、ここでは、図のようにマウスポインタを下側に移動して、接円確定の⊖。

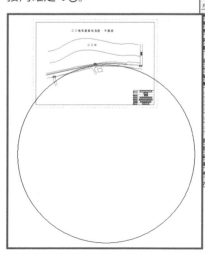

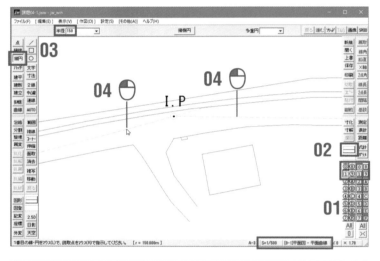

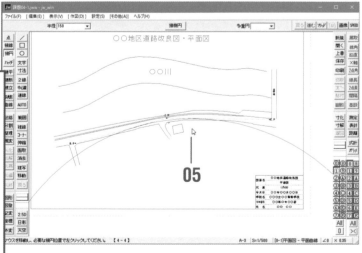

**06** ツールバー「消去」(➡p.52)で、部分消去する円を🖲で選択し、続けて図のように、左側の円と線の交点を🖲(右)し、次に右側の円と線の交点を🖲(右)すると、左回りに円の下部が消去される。

**情報** 円の部分消去は、消去する範囲の始点→終点を左回り(反時計回り)で指示します。

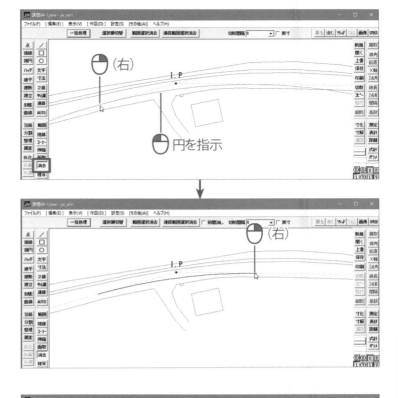

測点の点と円を、他の個所にコピーします。

**01** レイヤ「0」を表示のみに設定する(➡p.89)。

**02** ツールバー「複写」(➡p.65)で、図のように、測点の点と円を矩形範囲選択する。

**03** 図のように、曲線(円弧)の両端点に複写する。

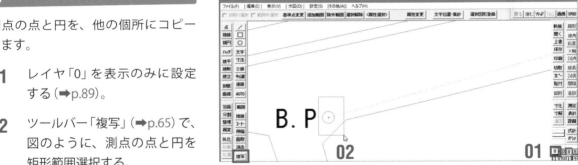

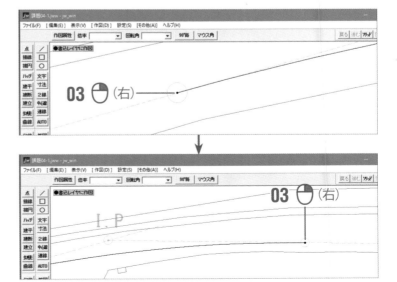

第6章 測量図を作図

曲線（円弧）の隣になる直線部分を作
図します。

**01** ツールバー「／」（➡p.40）で、
図のように、曲線（円弧）の左
端とB.P点を直線で結ぶ。

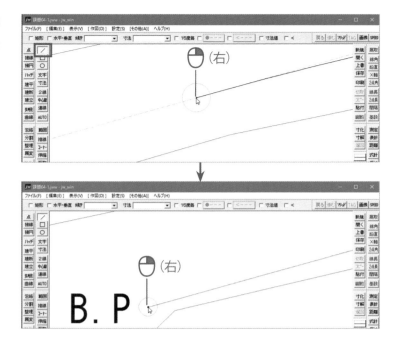

**02** 同様にして、図のように、曲
線（円弧）の右端とE.P点を直線
で結ぶ。

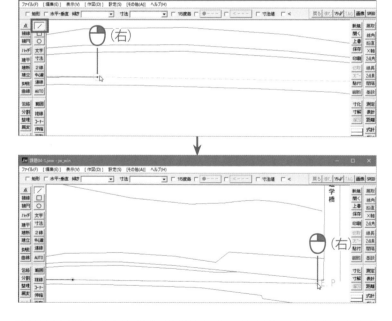

これまでにかいた道路中心線に平行
に（「線取得」コマンドを使用）、「B.C」
「E.C」の文字を記入します。

**01** ツールバー「文字」（➡p.99）で、
図の位置付近に、線に平行に
文字「B.C」を記入する。

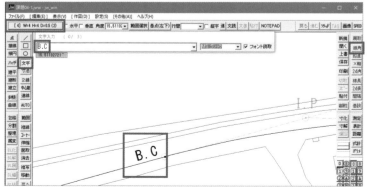

高校生から始めるJw_cad 土木製図入門［Jw_cad 8.10b対応］

**02** 同様にして、図の位置付近に、線に平行に文字「E.C」を記入する。

CD 第6章フォルダ → 課題04-1-02.jww

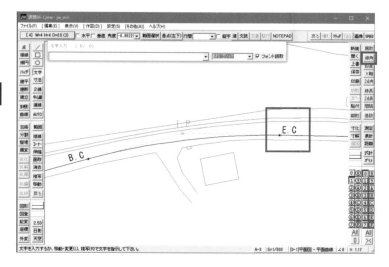

## 開放トラバースの測点No.1～7を作図

**01** ツールバー「分割」（➡p.68）で、コントロールバー「等距離分割」を選択し、コントロールバー「割付」にチェックを付け、コントロールバー「距離」を「20」にする。

**02** B.P点を🖱（右）→B.C点を🖱（右）→線上を🖱すると、道路中心線の直線上に20m間隔で点が2つ作図される。

測点No.1 ～ 7を20m間隔で作図します。

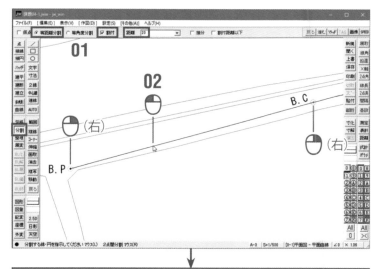

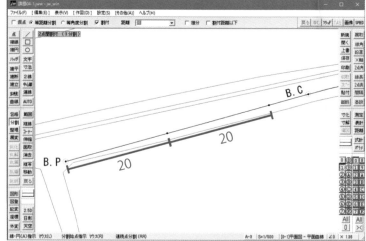

第6章 測量図を作図

**03** ツールバー「測定」（➡p.79）で、02で半端になった2点間の距離を測定する。ステータスバーの表示から距離は7.768mなので、分割距離20mとの差は12.232mであることを覚えておく。

**04** コントロールバー「距離測定」「mm/【m】」「小数桁3」に設定する。

**05** コントロールバー「クリアー」を🖱。

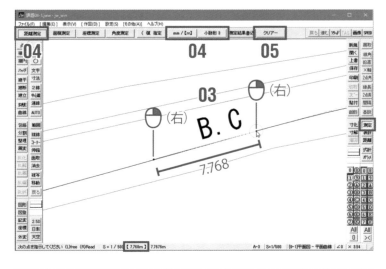

**06** ツールバー「分割」で、B.C－E.C点間を、距離「12.232」で等距離分割の割付を行う。図のように、12.232m間隔で、曲線上に点が3つ作図される。

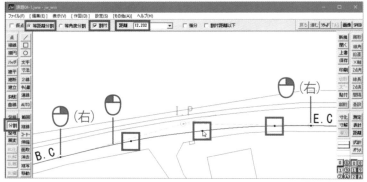

**07** B.P～B.C間の端数と足して20となる12.232m間隔は1カ所だけなので、ツールバー「消去」でE.C点に近い2つの点を消去する。

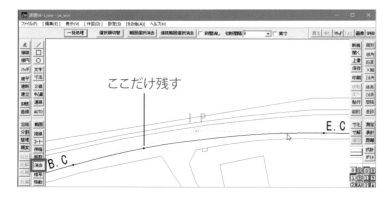

**08** 同様にして、ツールバー「分割」（➡p.68）で、残った1つの点とE.C点間を、距離「20」で等距離分割の割付を行う。図のように、20m間隔で、道路中心線の曲線上に点が1つ作図される。

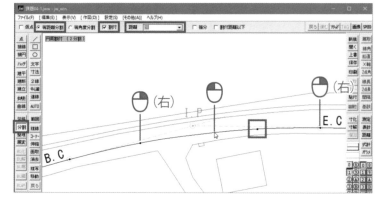

**09** ツールバー「測定」（➡p.79）で、最初に、08で作図された点を🖱（右）。

情報 ここでは、コントロールバー「距離測定」「mm／【m】」「小数桁3」に設定しています。

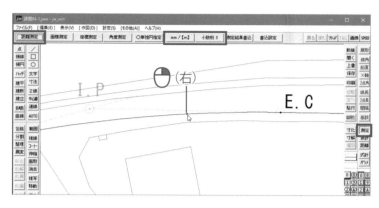

**10** コントロールバー「（弧 指定」を🖱し、曲線上を🖱。

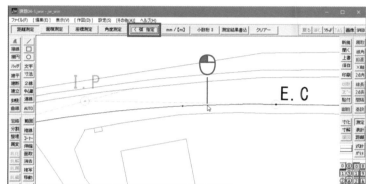

**11** E.C点を🖱（右）。

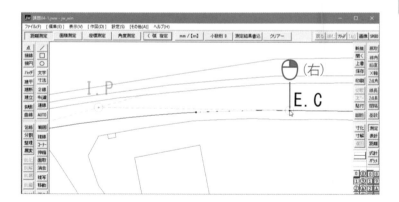

**12** E.C点に近い点とE.C点間の距離「10.608m」を測定し、この数値と20mの差9.392mを覚える。

**13** クリアーする。

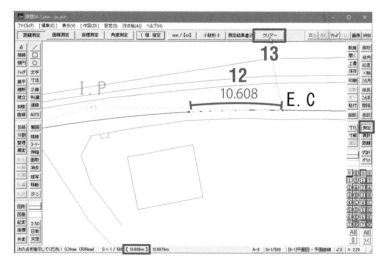

第6章 測量図を作図

**14** ツールバー「分割」(➡p.68) で、E.C−E.P点間を、距離「9.392」で等距離分割の割付を行う。

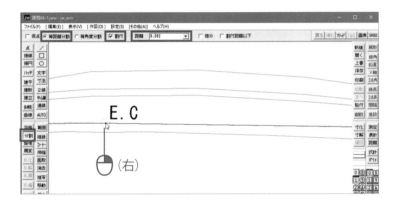

**15** E.P点を (右) してから、線上を 。

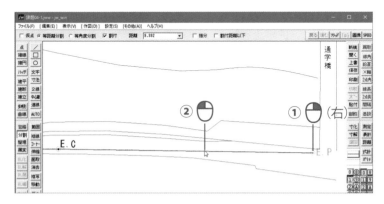

**16** 図のように、9.392m間隔で、道路中心線の直線上に点が5つ作図される。

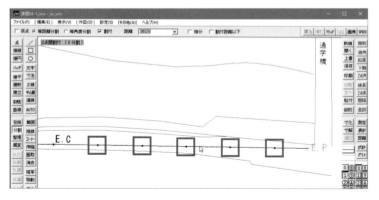

**17** B.C ～ E.C間の端数と足して20となる9.392m間隔は1カ所だけなので、ツールバー「消去」でE.P点に近い4つの点を消去する。

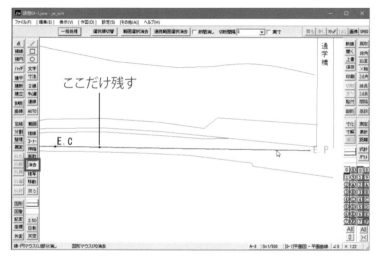

**18** 同様にして、残った1つの点と
E.P点間を、距離「20」で等距離
分割の割付を行う。図のよう
に、20m間隔で、道路中心線
の直線上に点が2つ作図され
る。

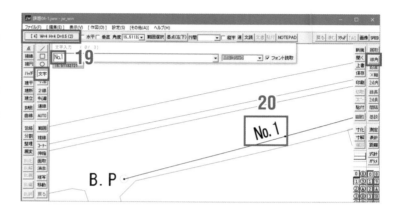

**19** ツールバー「文字」(➡p.99)で、
文字種 [4] にして、文字「No.1」
を入力する。

**20** ツールバー「線角」で、文字
「No.1」を道路中心線に平行に
記入する。

**21** 同様にして、測点No.2 〜 7を
作図する。

CD 第6章フォルダ → 課題04-1-03.jww

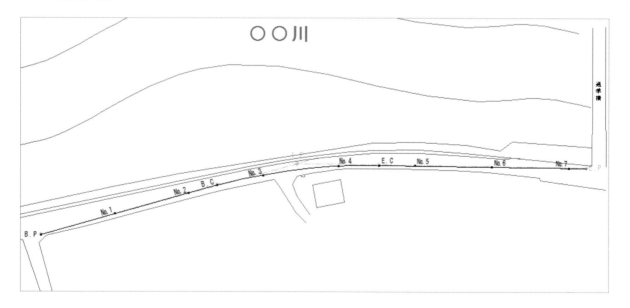

○○川

第
6
章

測
量
図
を
作
図

## 計画道路の境界線を作図

計画道路の線を作図します。

計画道路の幅員は6m（道路中心線から3m＋3m）とします。

**01** レイヤ「2」を書込レイヤに切り替える。

**02** 線属性を「線色8・実線」に設定する。

**03** ツールバー「複線」（➡p.46）で、B.P点から右上に伸びる道路中心線の直線部を、複線間隔「3」で上方向に複線して、道路境界線とする。

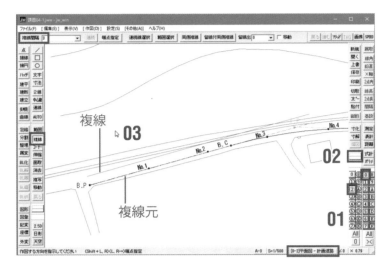

**04** 同様にして、B.P点から右上に伸びる道路中心線の直線部を、複線間隔「3」で下方向に複線して、道路境界線とする。

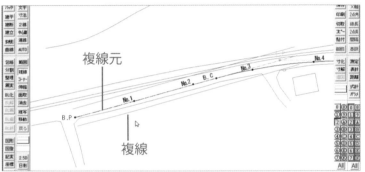

**05** 同様にして、道路中心線の曲線部を、複線間隔「3」で上方向および下方向に順次、複線して、道路境界線とする。

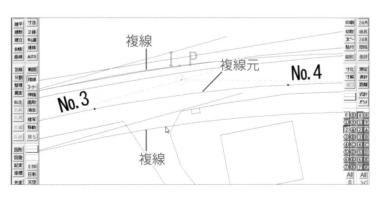

**06** 同様にして、道路中心線の直線部を、複線間隔「3」で上方向および下方向に順次、複線して、道路境界線とする。

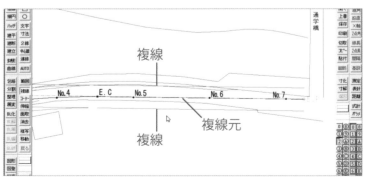

**07** 06までに複線で作図した道路境界線（線色8の赤い線）を、交点でコーナー処理して滑らかにつなぐ。

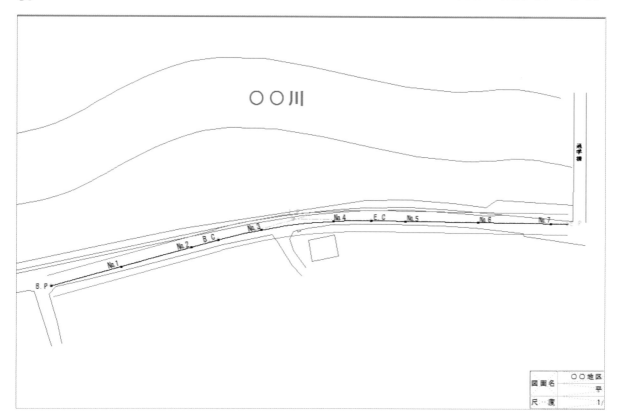

### 計画道路の線に寸法と文字を記入

前項までに作図した計画道路の諸線に寸法を記入します。

**01** レイヤ「3」を書込レイヤに切り替える。

**02** ツールバー「寸法」（➡p.71）で、コントロールバーのボタンを「－」「小数桁3」に設定する。

第6章フォルダ → 課題04-1-04.jww

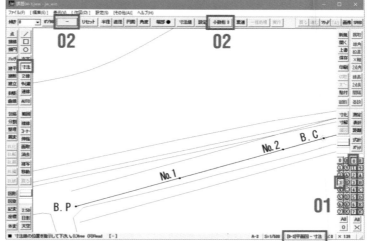

**03** コントロールバー「設定」を🖱
し、「寸法設定」ダイアログで、
図の4項目を必ず設定する。

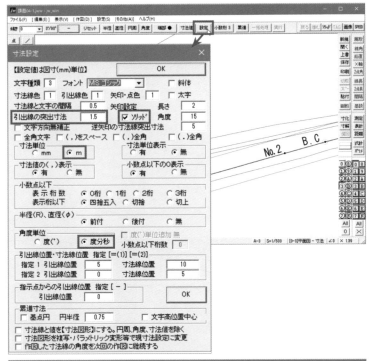

**04** コントロールバーのボタンを
「端部ー〉」に設定し、ツール
バー「線角」で、図の道路中心
線の傾きを取得する。

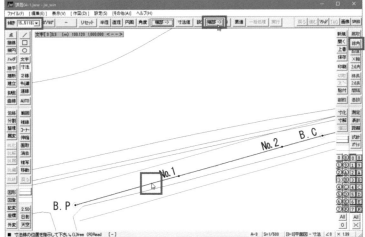

**05** 寸法線位置を適当に決める。

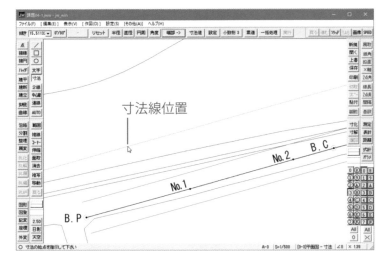

　　　　　　　　　　　　　　高校生から始めるJw_cad 土木製図入門［Jw_cad 8.10b対応］

**06** B.P点と測点No.1間の寸法を記入し、続けて、隣の測点No.2、さらにB.C点まで連続寸法を記入する。

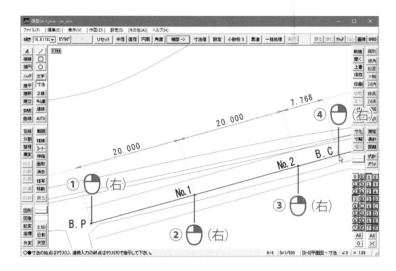

**07** 曲線部は円周寸法を記入する。コントロールバー「円周」を🖱してから測定する円弧（B.C−E.C）を🖱し、寸法線位置を🖱（右）で決め、始点→終点を順次、指示する。

**注意** 円周寸法（円弧寸法）は反時計まわりに指示します（➡p.75）。ここでは、E.C→No.4→No.3→B.Cの順に指示します。

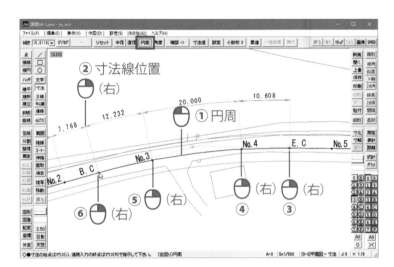

**08** リセットする。

**09** 再び、ツールバー「線角」（➡p.74）で、図の道路中心線の傾きを取得する。

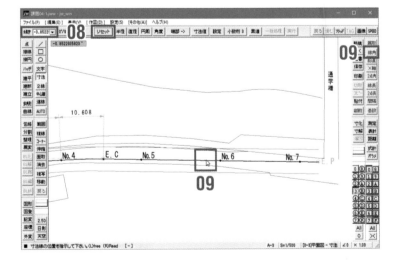

第6章　測量図を作図

**10** 05～06と同様にして、最初に
寸法線位置を🖱️（右）し、図の
道路中心線にE.C点→No.5
→No.6→No.7→右端点の順で、
順次🖱️（右）する。

**11** リセットする。

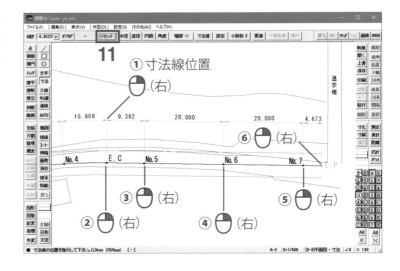

**12** レイヤ「0」を編集レイヤに切
り替える。

**13** ツールバー「線角」（➡p.74）で、
図の一点鎖線の傾きを取得す
る。

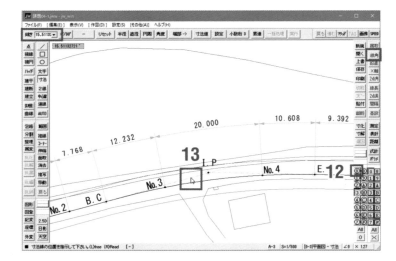

**14** 寸法線位置を決め、B.C点→I.P
点の順で🖱️（右）する。

**15** リセットする。

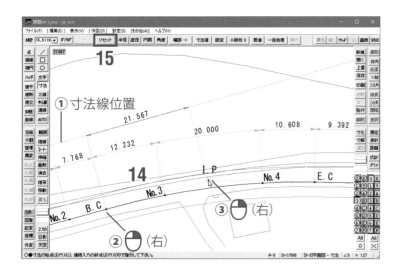

**16** 13〜14と同様にして、図のI.P点－E.C点間の寸法を記入する。

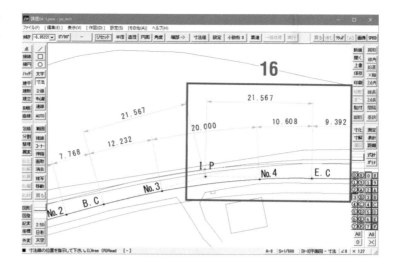

**17** ツールバー「文字」(➡p.99)の「文字種[3]」で、図の2カ所の寸法値の文字を、「21.567」から「T.L＝21.567m」に変更する。

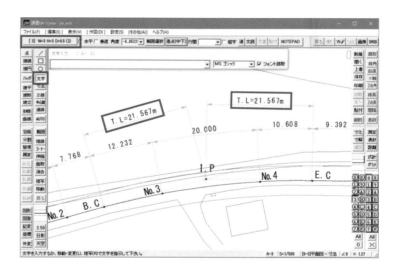

第6章

測量図を作図

曲線部の円周寸法を記入します。

**01** ツールバー「伸縮」(➡p.50)で、図のように、2本の寸法引出線を下方まで十分に伸ばす。

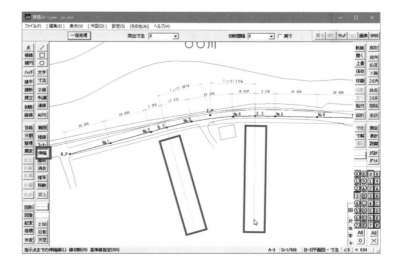

**02** ツールバー「寸法」(→p.71)の
コントロールバー「円周」で、
図の曲線部を🖱。

**03** 寸法を記入する位置を🖱。

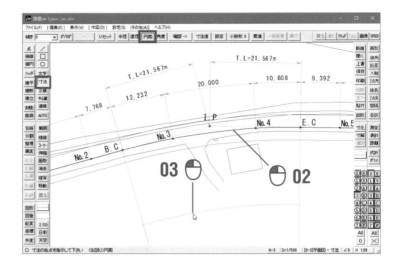

**04** 反時計回りで寸法の始点→終
点を指示し、円周寸法を記入
する。

情報 円周（円弧）寸法は、始点→終点
を左回り（反時計回り）で指示し
ます。

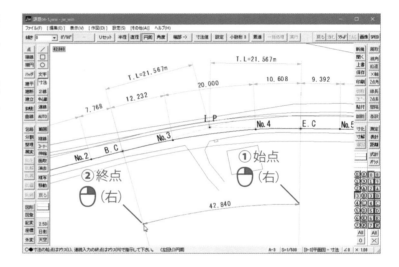

**05** 寸法値の文字を「42.840」から
「C.L＝42.840m」に書き換え
る。

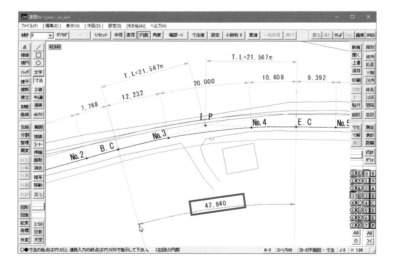

I.P点に接する部分の角度寸法を記入します。

**01** ツールバー「寸法」（➡p.71）で、コントロールバー「角度」「小数桁 0」「端部●」に設定する。

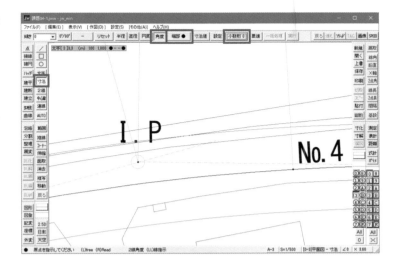

**02** I.P点を角度寸法の頂点（円の中心）として、図のような適当な位置に寸法線位置を決める。

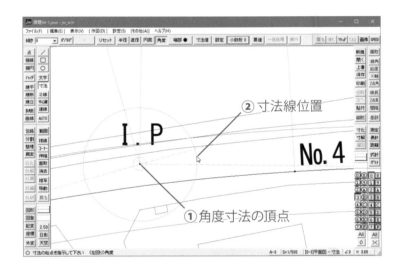

② 寸法線位置
① 角度寸法の頂点

**03** 図のように、角度寸法を記入する。

第6章フォルダ → 課題04-1-05.jww

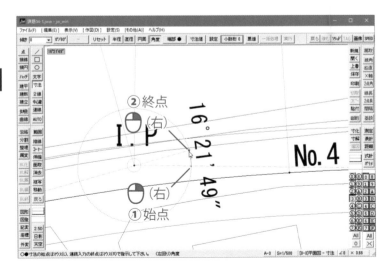

② 終点（右）
（右）
① 始点
16°21′49″

第6章 測量図を作図

説明の文字を記入します。

**01** ツールバー「文字」(➡p.99) の文字種 [6] で、図のように必要な個所に文字を記入する。

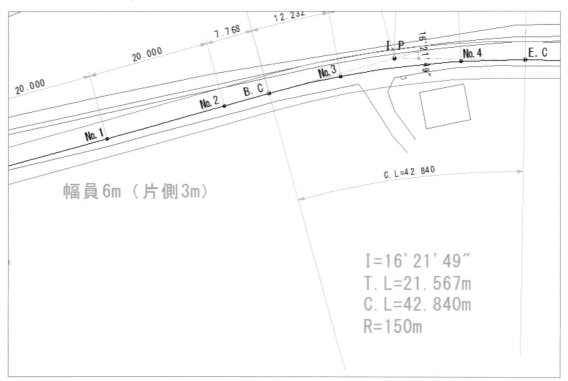

単心曲線をCADを使わずに実際に計算して作図する方法

単心曲線をCADを使わずに実際に電卓などで計算して作図するには、p.202で示した「単心曲線の基本3公式」に、R=150、I=16° 21′ 49″ を代入します。以下、その計算結果です。

T.L＝150 × tan (16° 21′ 49″ ÷2) ＝21.567 [m]

C.L＝ (π × 150 × 16° 21′ 49″ ) ÷180° ＝42.840 [m]

S.L＝150 ((1 ÷cos (16° 21′ 49″ ÷2) ) −1) ＝1.542 [m]

このように求めた数値を、コンパスなどを使って手描き作業で作図します。

以上で、開放トラバース測量による座標データをもとに、既存道路に設けた路線始点 (B.P) を基点にした開放トラバースの作図が完成しました (➡次ページの図)。

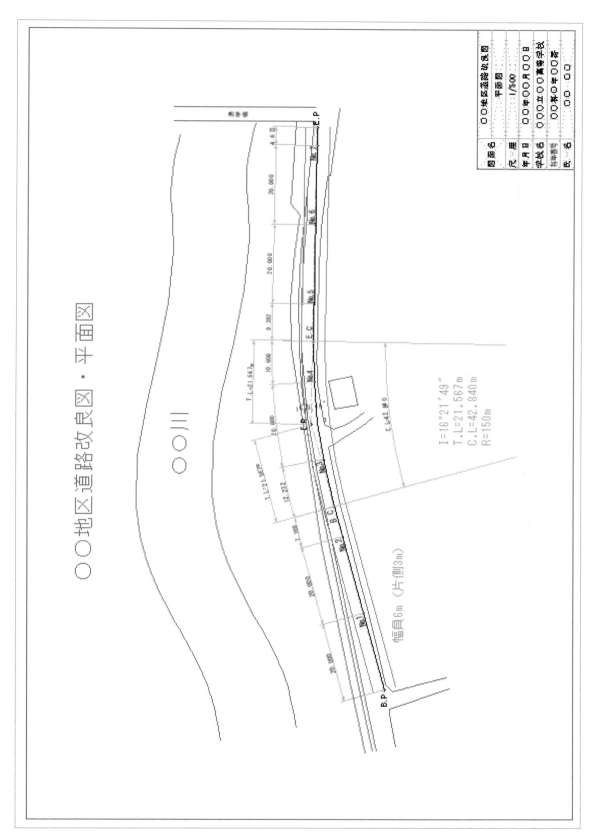

| 図面名 | ○○地区道路改良図 |
|---|---|
| | 平面図 |
| 尺度 | 1/500 |
| 年月日 | ○○年○○月○○日 |
| 学校名 | ○○○立○○○高等学校 |
| 科年組 | ○○科○年○○組 |
| 氏名 | ○○ ○○ |

○○地区道路改良図・平面図

○○川

関係車

幅員6m（片側3m）

I=16°21′49″
T.L=21.567m
C.L=42.840m
R=150m

第6章

測量図を作図

〈課題4−2〉

# 計画道路の縦断面図を作図

計画道路の縦断面図は、あらかじめ測量した各測点の現状地盤高と、これから設置する計画道路の計画高をまとめた表をもとに作図します。

| 高さ | B.P | No.1 | No.2 | B.C | No.3 | No.4 | E.C | No.5 | No.6 | No.7 | E.P |
|---|---|---|---|---|---|---|---|---|---|---|---|
| 現状地盤高 | 250.000 | 250.145 | 250.301 | 250.327 | 250.360 | 250.626 | 250.711 | 250.764 | 250.913 | 251.527 | 251.647 |
| 計画高 | 250.200 | 250.300 | 250.400 | | 250.500 | 250.600 | | 250.700 | 250.800 | 250.900 | 250.932 |

現状地盤高と計画高

## 《 製図のポイント 》

◉ あらかじめ用意したJw_cadの図面ファイル「課題04−2.jww」を開き、利用します。

◉ 地盤高および計画高の図をもとに、地盤高および計画高の折れ線グラフを作図します。地盤高は**線色2・実線**、計画高は**線色8・実線**で作図します。

◉ 各測点の地盤高と計画高の差を測定し、盛土高と切土高を表に作図します。**文字種 [4]、横長90°**回転で作図します。

◉ レイヤ設定は、右表のとおりです。

| レイヤグループ | レイヤグループ名 | 縮尺 | レイヤ | レイヤ名 |
|---|---|---|---|---|
| 0 | 高さ | 1/10 | 0 | 地盤高 |
| | | | 1 | 計画高 |
| | | | 2 | 盛土高・切土高 |

### 計画道路の縦断面図を作図する図面を開く

あらかじめ用意した図面を開き、作図の準備をします。なお、表組やグラフ組などは作図済みです。

**01** 「C：」ドライブ→「jww」フォルダ→「練習ファイル」フォルダ→「第6章」フォルダの「課題04−2.jww」を開き、基本設定のダイアログの「一般(2)」タブの「m単位入力」のチェックを確認する(➡p.186)。

**02** レイヤグループ「0」−レイヤ「0」、線属性「補助線色・補助線種」を確認する。

前項までに作図した計画道路の諸線に寸法を記入します。

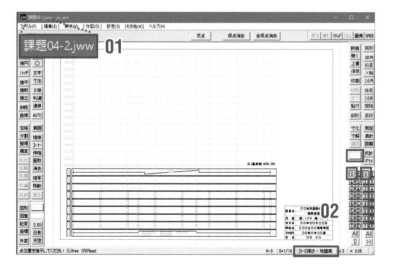

🄲🄳 第6章フォルダ → 課題04−2.jww

## 計画道路の現状地盤高の折れ線グラフを作図

あらかじめ用意した現状地盤高の計測データから、地盤高の折れ線グラフを作図します。

あらかじめ用意した各測点の現状地盤高の計測データ（➡前ページの表）から、現状地盤高の折れ線グラフを作図します。

**01** 表では既存道路の現状地盤高のB.P点は250.000なので、ツールバー「点」（➡p.113）で、図の交点を🖱（右）して点を打つ。

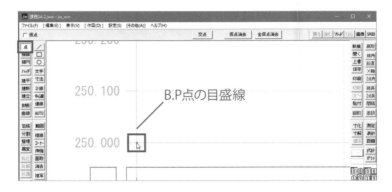

**02** No.1点は250.145なので250.000から0.145離れた位置に点を打つ必要があり「点」コマンドは使えない。そこでツールバー「分割」（➡p.68）で点（分割点）を打つ。コントロールバー「等距離分割」「割付」とし、「距離」を「0.145」として、分割の1つ目の基準点として、No.1点の目盛補助線上の「250.000」の交点を🖱（右）。

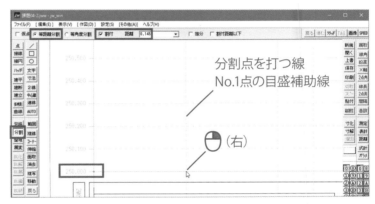

**03** 分割の2つ目の基準点は、250.145より大きい250.200の交点を🖱（右）すればよい。

**04** 分割する（分割点を打つ）線として、図の垂直線を🖱すると、250.145の位置に分割点が作図される。

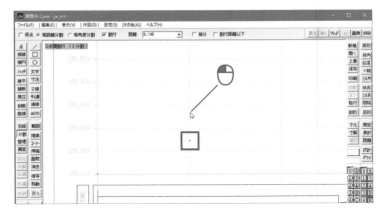

**05** No.2点は250.301なので、250.000から0.301離れた位置に点を打つ。02〜04と同様にして、ツールバー「分割」（➡p.68）の「等距離分割」「割付」で、「距離」を「0.301」とし、図の「250.000」の交点を🖱（右）。

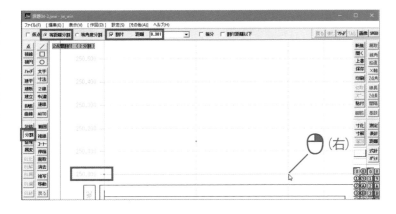

**06** 続けて、250.301より大きい250.400の交点を🖱（右）。

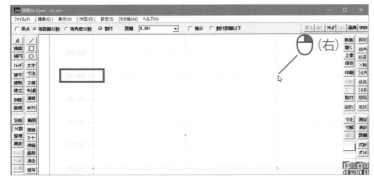

**07** 図の垂直線を🖱すると、250.301の位置に分割点が作図される。

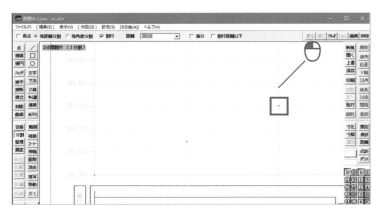

**08** 同様にして、No.3点〜No.7点およびB.C点、E.C点に点を打つ。

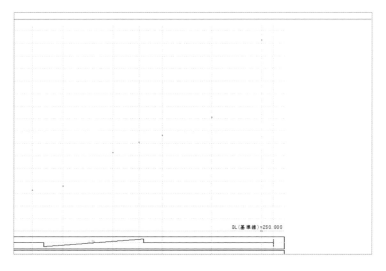

**09** 最後に、E.P点は251.647なので、250.000から1.647離れた位置に点を打つ必要がある。同様に、ツールバー「分割」(→p.68)の等距離分割の「割付」で、「距離」を「1.647」とし、図の「250.000」の交点を🖱(右)。

**10** 続けて、251.647より少し大きい垂直線の上端点を🖱(右)。

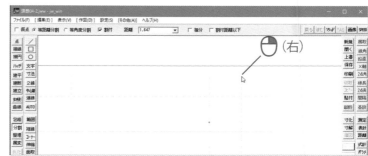

**11** 図のように、垂直線を🖱して、251.647の位置に点を打つ。

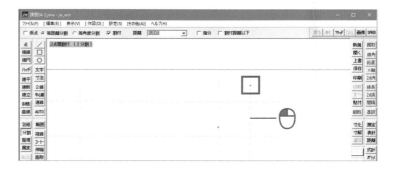

**12** 線属性を「線色2・実線」に設定する。

**13** ツールバー「／」(→p.40)で、図の250.000点から順次、線でつなぐ。

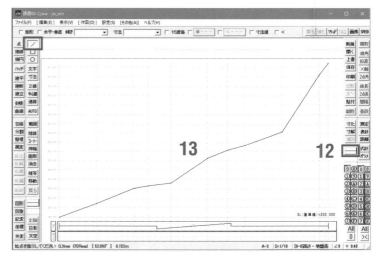

**14** ツールバー「文字」(➡p.99) の
文字種 [4] で、図の位置に折
れ線に平行に文字「地盤高」を
記入する (線角度取得➡p.74)。

CD 第6章フォルダ → 課題04-2-01.jww

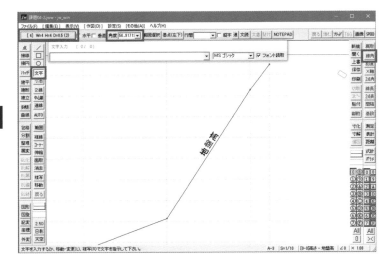

## 計画道路の計画高の 折れ線グラフを作図

あらかじめ用意した計画高のデータから、計画高の折れ線グラフ
を作図します。

前項と同様にして、あらかじめ用意
した各測点の計画高 (➡p.220) から、
計画高の折れ線グラフを作図します。
ただし、計画高は直線になります。

**01** レイヤ「1」を書込レイヤに切
り替え、線属性「補助線色・補
助線種」を確認する。

**02** ツールバー「点」(➡p.113) で、
B.P点「250.200」の交点を🖱(右)。

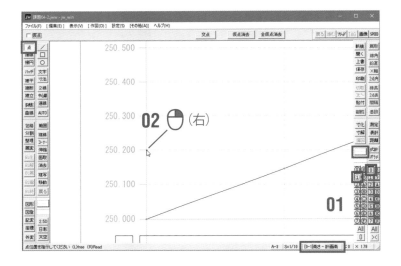

**03** No.1 〜 No.7まで、「0.100」ご
とに増加するので、前項と同
様にして、順次、点を打つ。

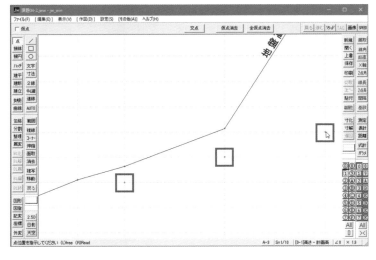

**04** 線属性を「線色8・実線」に設定する。

**05** ツールバー「／」（➡p.40）で、03で点を打った個所を折れ線でつなぐ。
この場合、B.P点からNo.7点まで「0.1」ずつ増加するので、B.P点の「250.200」点を🖱（右）し、次にNo.7点の「250.900」点を🖱（右）すれば、一直線が作図できる。

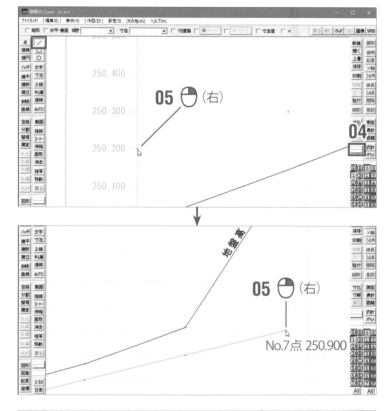

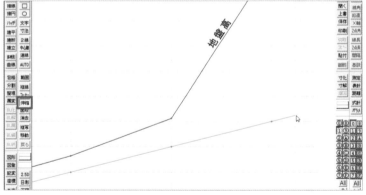

**06** 最後のE.P点は、ツールバー「点」で点を打たずに、05までの折れ線（直線）をツールバー「伸縮」（➡p.50）で線を伸ばすことで作図してもOK。

**07** ツールバー「文字」（➡p.99）で、図の位置付近に、折れ線に平行に文字「計画高」を記入する（線角度取得➡p.74）。

🄲🄳 第6章フォルダ→ 課題04-2-02.jww

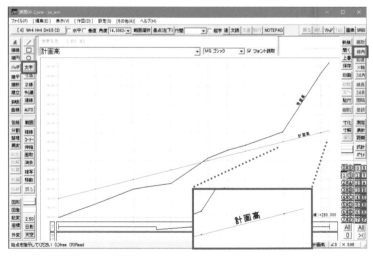

第6章

測量図を作図

現状地盤高と計画高の差を作図済みの折れ線グラフから測定し、
計画高が現状地盤高を上回る場合は「盛土」の値、地盤高が計画高
を上回る場合は「切土」の値を記入します。

前項までにかいた折れ線グラフでわ
かるとおり、B.P点からNo.3点までは
「盛土」、No.4から最後のE.P点までは
「切土」となるので、所定の位置に測
定した数値を記入します。

**01** レイヤ「2」を書込レイヤに切
り替える。

**02** ツールバー「文字」(➡p.99)で、
「文字種[2]」、「角度」を「90」、
「基点(中中)」にする。

**03** 「文字入力」ボックスに、B.P点
の計画高と地盤高の差0.200を
入力し、盛土高の欄の交点に
記入する。

**04** ツールバー「測定」(➡p.79)で、
コントロールバー「書込設定」
を🖱。

**05** コントロールバー「文字2」「小
数桁0有」「カンマ有」「四捨五
入」「単位表示無」に設定し、
「OK」を🖱。

**06** 図のように、No.1の地盤高点
を🖱(右)。

**07** 続けて図のように、計画高点
を🖱(右)したら、コントロー
ルバー「測定結果書込」を🖱。

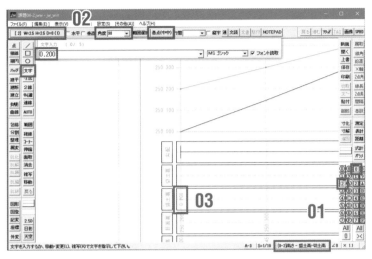

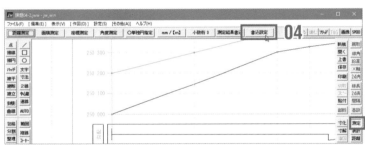

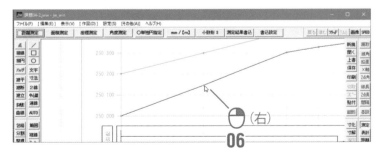

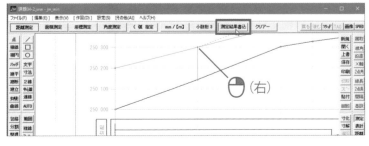

**08** 図のように、盛土高の欄の交点を🖱（右）して、地盤高と計画高の差「0.155」を作図する。

**09** コントロールバー「クリアー」を🖱。

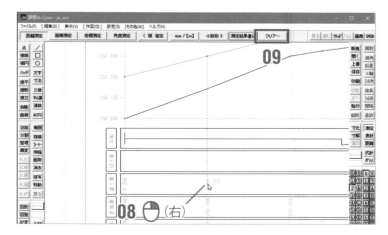

**10** 同様にして、他の点の地盤高と計画高の差も作図する。

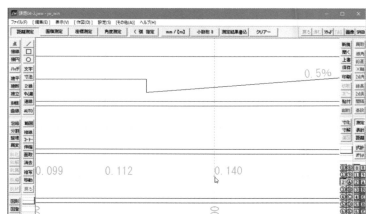

**11** No.4点から最後のE.P点までは、既存道路の折れ線と計画道路の赤い直線が逆転するため、「切土」となる。

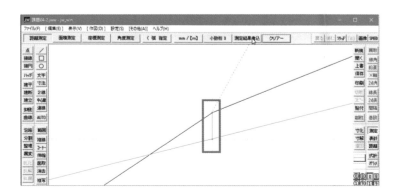

**12** 「切土」となるので、「切土高」の欄に測定結果を記入する。

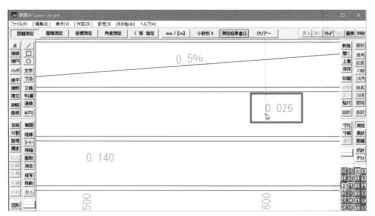

第6章

測量図を作図

**13** ツールバー「文字」(➡p.99)で、12までで記入した盛土高の数値「0.155」を🖱して「文字変更・移動」ボックスに自動入力させたら、コントロールバー「文字2」、「角度」=「90」、「基点」=「中中」で、再記入先として、図の交点を🖱(右)。

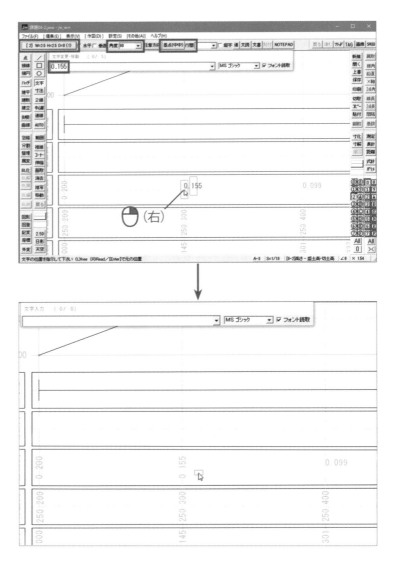

**14** 同様にして、他のすべての盛土高や切土高の数値も順次、回転させる。

第6章フォルダ → 課題04-2-03.jww

# Section 4

## 〈課題4-3〉
# 計画道路の横断面図（土量計算）を作図

計画道路の横断面図は、あらかじめ測量して用意した現状道路（既存道路）の上に、これから設置する計画道路（改良道路）を配置した横断面図をもとに、各測点の盛土および切土の土量計算を行い、作図します。

### 《 製図のポイント 》

- あらかじめ測量して用意した現状（既存）道路の上に計画（改良）道路を赤線で作図した「横断面図」を使用して、各測点の盛土量と切土量を計算して、作図します。
- 盛土と切土の区別は右上図を参照してください。
- 「測定」コマンドの「面積測定」を使い、面積を測定します。Jw_cadの電卓機能で計算します。
- レイヤ設定は、右表のとおりです。

| レイヤグループ | レイヤグループ名 | 縮尺 | レイヤ | レイヤ名 |
|---|---|---|---|---|
| 0 | （なし） | 1/200 | 0 | 現状道路 |
| | | | 1 | 計画道路 |

第6章 測量図を作図

## 計画道路の横断面図を作図する図面を開く

あらかじめ用意した図面を開き、作図の準備をします。なお、各測点において測量で求めた現状（既存）道路断面図は黒線、その位置や高さ関係を考慮した計画（改良）道路は赤線で作図済みです。また、土量を書き込む表も用意しています。

**01** 「C：」ドライブ→「jww」フォルダ→「練習ファイル」フォルダ→「第6章」フォルダの「課題04-3.jww」を開き、基本設定のダイアログの「一般（2）」タブの「m単位入力」のチェックを確認する（➡p.186）。

**02** レイヤグループ「0」－レイヤ「1」に設定する。

前項までに作図した計画（改良）道路の諸線に寸法を記入します。

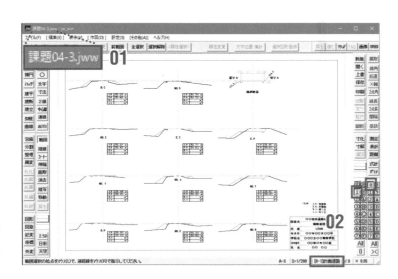

CD 第6章フォルダ → 課題04-3.jww

高校生から始めるJw_cad 土木製図入門〔Jw_cad 8.10b対応〕

## 計画道路の横断面図から盛土量と切土量を計算

あらかじめ測量して用意した既存道路の上に、計画道路（改良道路）を赤線で作図した「横断面図」を使用して、各測点の盛土量と切土量を計算し、作図します。

最初に、B.P点の盛土量および切土量を計算します。まず、図の赤い線で示したうちの一番左側の盛土部分と、その右隣の切土部分のそれぞれの土量を計算します。

**01** ツールバー「測定」（➡p.79）のコントロールバー「面積測定」で、「書込設定」を🖱。

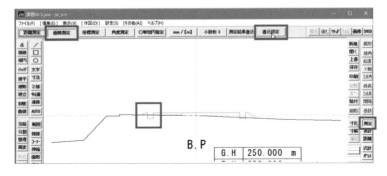

**02** コントロールバー「文字 3」「小数桁 0 有」「カンマ 有」「四捨五入」「単位表示 有」に設定し、「OK」を🖱。

**03** コントロールバー「mm／【m】」「小数桁 3」に切り替え、図の赤い線で示した一番左側の台形状の面積（盛土の断面積）を測定するので、頂点を順次🖱（右）。

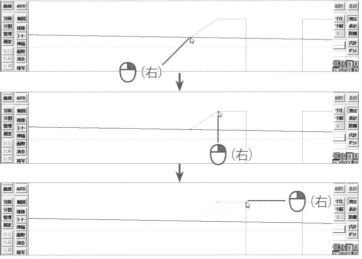

**04** 最後の頂点を🖱（右）したら、コントロールバー「測定結果書込」を🖱。

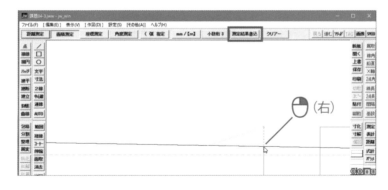

**05** 図のように、面積を測定した付近の適当な位置を🖱。

**06** コントロールバー「クリアー」を🖱。

**07** 続けて同様にして、隣の切土部分の面積（切土の断面積）を測定する。

**注意** 切土の断面積は、図では黒色の斜線（現状の地表線）から下の地中部分を計算します。

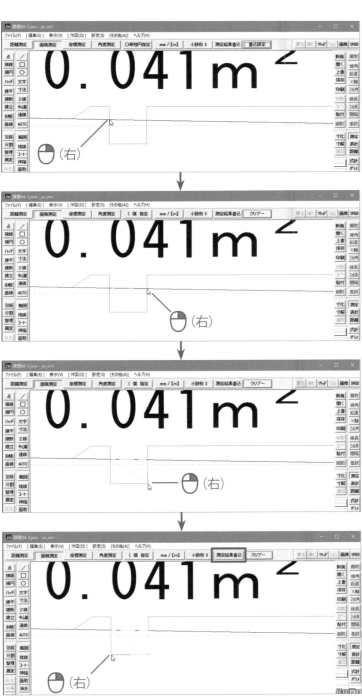

第6章

測量図を作図

**08** 図のように、面積を測定した付近の適当な位置を🖱。

**09** コントロールバー「クリアー」を🖱。

**10** 同様にして、他の個所も測定する。

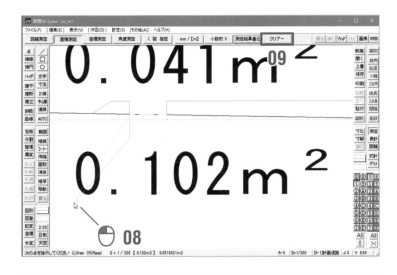

---

前項までに測定した各部の面積を合計し、その値を文字として記入します。ここでは、Jw_cadの電卓機能を呼び出して利用します。

**01** 図のように、すべての盛土・切土部分の断面積の測定を終えたら、合計を計算するので、ツールバー「／」(➡p.40)のコントロールバー「傾き」ボックスにある▼ボタンを🖱(右)。

**情報** Jw_cadの電卓機能を呼び出す隠しテクニックです。「／」コマンドだけではなく、コントロールバーの数値入力ボックスであれば、何でもOKです。

**02** 「数値入力」ダイアログが開くので、電卓のボタンを叩くように各ボタンを🖱で操作して、まず盛土部の計算を行い、0.041+1.327+0.179 = 1.547となることを確認し、「Ok」を🖱。

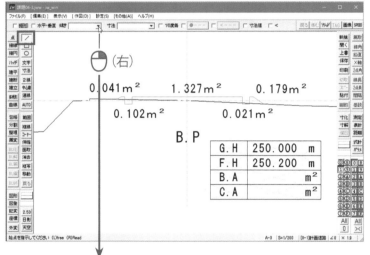

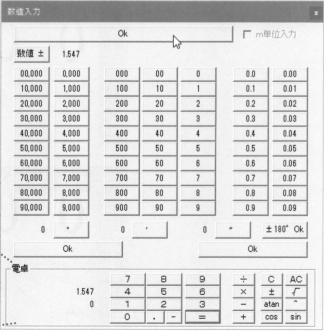

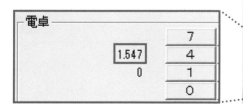

**03** 図のように、コントロールバー「傾き」に計算結果の「1.547」が自動入力されるので、「傾き」ボックス内を🖱（右）して表示されるメニューから「コピー」を🖱で選択する。

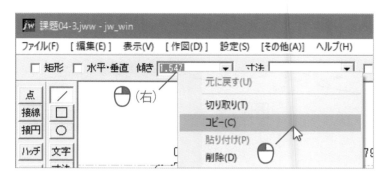

**04** ツールバー「文字」（➡p.99）で、「文字種［3］」、「基点（中中）」に設定し、「文字入力」ボックス内を🖱（右）して表示されるメニューから「貼り付け」を🖱で選択する。

**05** 「文字入力」ボックスに「1.547」が自動入力されるので、図の「B.A」欄の対角線交点を🖱（右）して記入する。

**注意** 「B.A」欄は盛土、「C.A」欄は切土になります。

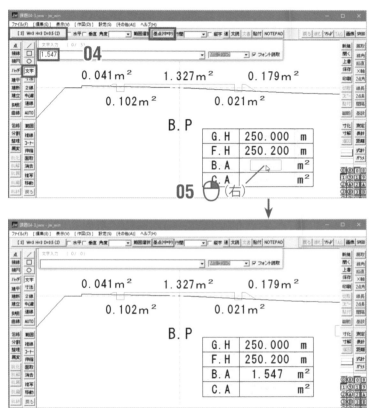

**06** 同様にして、切土部分も合計を計算して（0.102＋0.021＝0.123）、図の「C.A」欄に記入する。

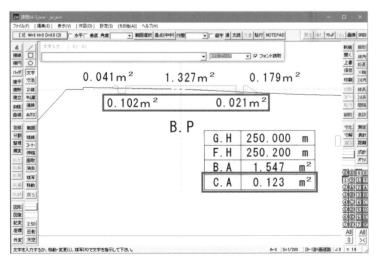

**07** その他の測点も同様にして計算し、図面全体の表を完成させる。

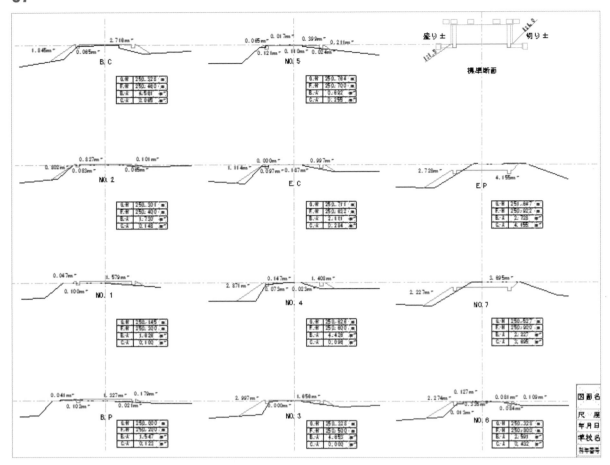

🅒🅓 第6章フォルダ → 課題04-3-01.jww

**08** 各点の道路の横断面まわりに記入した面積数値は、計算を終えて表に結果を記入したら不要になる。そこで、ツールバー「消去」で、面積数値を🖱（右）して、順次、数値を消去する。

以上で、計画道路の横断面図（土量計算）の作図は終了です。適宜、保存してください。

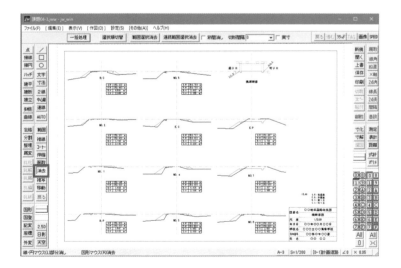

🅒🅓 第6章フォルダ → 課題04-3-02.jww

# 計画道路の横断面図（土量計算）を印刷

作図を終えた計画道路の横断面図（土量計算）を、プリンタに印刷します。

作図を終えた計画道路の横断面図（土量計算）を、プリンタに印刷します。

**01** ツールバー「印刷」を🖱。

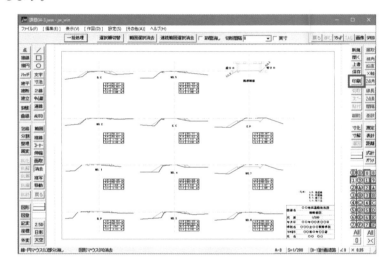

**02** 「印刷」ダイアログが開くので、「プリンター名」ボックスが、パソコンから使える機種になっていることを確認して、「OK」を🖱。

注意 プリンタが設定されていないと印刷はできません。プリンタの設定は、Windowsのバージョン、使用する（接続している）プリンタの機種（プリンタドライバ）によって異なるので、Windowsのコントロールパネルで確認してください。

**03** ダイアログが閉じ、作図ウィンドウに戻るので、「カラー印刷」にチェックを付け、コントロールバー「プリンタの設定」を🖱。

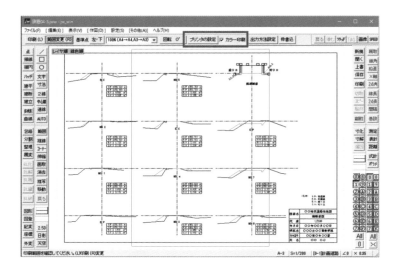

**04** 「プリンターの設定」ダイアログが開くので、「用紙」欄の「サイズ」を「A3」、「印刷の向き」欄を「横」に設定して、「OK」を🖱。

**05** ダイアログが閉じ、作図ウィンドウに戻るので、コントロールバー「印刷」を🖱。

**注意** コントロールバー「印刷」ボタンを🖱すると、画面上の変化はありませんが、接続されて使える状態になっているプリンタがあれば、ただちに印刷が始まります。「印刷」ボタンを何度も🖱しないよう注意してください。

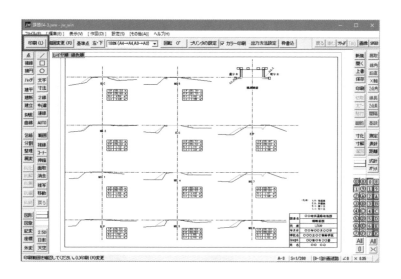

情報 A4サイズ（まで）しか印刷でき
ないプリンタの場合は、コン
トロールバーの図のボックス
を🖱し、表示されるメニューか
ら「71 ％（A3→A4 , A2→A3）」
を🖱して選択してからコント
ロールバー「印刷」ボタンを🖱
すると、使用する用紙に合わ
せた縮小印刷が行われます。

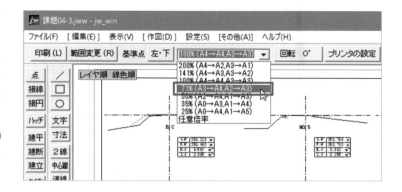

前述したように、課題1・2・3・4-1・4-2も、同じ方法で印刷を行うことができます。ただし、「プリン
ターの設定」ダイアログにおける用紙サイズおよび印刷の向きが異なるので、設定には注意してください。
また、コントロールバー「カラー印刷」のチェックの有無も異なります。下表を参照してください。

| 課 題 | 用紙サイズ | 用紙の向き | カラー印刷の有無 | 備 考 |
|---|---|---|---|---|
| 課題1 | A4 | 横 | 無 | |
| 課題2 | A4 | 横 | 無 | |
| 課題3 | A2 | 縦 | 無 | A4印刷は50%に縮小 |
| 課題4-1 | A3 | 横 | 有 | |
| 課題4-2 | A3 | 横 | 有 | A4印刷は71%に縮小 |
| 課題4-3 | A3 | 横 | 有 | |

本書で扱った課題の印刷時の用紙サイズと向き

以上で、本書での作図はすべて終了です。

わからないところはそのままにせず、付録CDに収録した練習ファイルなどを適宜、活用していただき、課
題を解決していってください。

特にJw_cad初心者の方は、第3章の「練習ドリル」を完全にマスターしてください。そうすることで、第4章
以降の学習がスムーズに進められるでしょう。

繰り返し練習することがJw_cad上達の秘訣です。Jw_cadを繰り返し使うことで、特性（くせ）に慣れ、わか
るようになるまで頑張ってください。

第6章

測量図を作図

# INDEX

## FAX質問シート

### 高校生から始める Jw_cad 土木製図入門 [Jw_cad 8.10b 対応]

以下を必ずお読みになり、ご了承いただいた場合のみご質問をお送りください。

● 「本書の手順通り操作したが記載されているような結果にならない」といった本書記事に直接関係のある質問のみご回答いたします。「このようなことがしたい」「このようなときはどうすればよいか」など特定のユーザー向けの操作方法や問題解決方法については受け付けておりません。

● 本質問シートでFAXまたはメールにてお送りいただいた質問のみ受け付けております。お電話による質問はお受けできません。

● 本質問シートはコピーしてお使いください。また、必要事項に記入漏れがある場合はご回答できない場合がございます。

● メールの場合は、書名とFAX質問シートの項目を必ずご入力のうえ、送信してください。

● ご質問の内容によってはご回答できない場合や日数を要する場合がございます。

● パソコンやOSそのもの、ご使用の機器や環境についての操作方法・トラブルなどの質問は受け付けておりません。

---

ふりがな

氏　名　　　　　　　　　　　　　　　　　年齢　　　　歳　　　性別　男　・　女

回答送付先（FAXまたはメールのいずれかに〇印を付け、FAX番号またはメールアドレスをご記入ください）

FAX・メール

※送付先ははっきりとわかりやすくご記入ください。判読できない場合はご回答いたしかねます。電話による回答はいたしておりません。

---

ご質問の内容　　※例）187ページの手順7までは操作できるが、手順6の結果が別紙画面のようになって解決しない。

【 本書　　　　　ページ　～　　　　　ページ 】

---

ご使用のパソコンの環境　　　※ パソコンのメーカー名・機種名、OSの種類とバージョン、メモリ量、ハードディスク容量など質問内容によっては必要ありませんが、環境に影響される質問内容で記入されていない場合はご回答できません。

---

著者紹介

櫻井 良明（さくらい よしあき）

一級建築士、一級建築施工管理技士、一級土木施工管理技士。

1963年、大阪府生まれ。

1986年、福井大学工学部建設工学科卒業。

設計事務所、ゼネコン勤務、山梨県立甲府工業高等学校建築科教諭、峡南高等学校土木システム科教諭を経て、現在、日本工学院八王子専門学校テクノロジーカレッジ建築学科・建築設計科教員。

長年にわたりJw_cadによる建築製図指導を続けていて、全国のさまざまな建築設計コンペなどで指導した生徒を多数入選に導いている。

著書

『これで完璧!! Jw_cad 基本作図ドリル』（エクスナレッジ）

『この1冊で全部わかる木造住宅製図秘伝のテクニック』（エクスナレッジ）

『高校生から始める Jw_cad 建築製図入門 [Jw_cad 8 対応版]』（エクスナレッジ）

『高校生から始める SketchUp 木造軸組入門』（エクスナレッジ）

『高校生から始める Jw_cad 建築詳細図入門』（エクスナレッジ）

『Jw_cad 建築施工図入門』（エクスナレッジ）

『Jw_cad で学ぶ建築製図の基本 [Jw_cad 8 対応版]』（エクスナレッジ）

『高校生から始める Jw_cad 建築製図入門 [RC 造編]』（エクスナレッジ）

『高校生から始める Jw_cad 製図超入門 [Jw_cad 8 対応版]』（エクスナレッジ）

『高校生から始める Jw_cad 建築構造図入門』（エクスナレッジ）

『高校生から始める Jw_cad 建築プレゼン入門 [Jw_cad 8 対応版]』（エクスナレッジ）

『建築製図 基本の基本』（学芸出版社）

『新版 建築実習1』（共著、実教出版）

『二級建築士 120 講 問題と説明』（共著、学芸出版社）

『直前突破 二級建築士』（共著、学芸出版社）

ホームページ：「建築学習資料館」　http://ags.gozaru.jp/

ブログ　　　：「建築のウンチク話」　http://agsgozaru.jugem.jp/

---

高校生から始める

# Jw_cad 土木製図入門 [Jw_cad 8.10b 対応]

2020年8月21日　初版第1刷発行
2023年1月24日　　　第2刷発行

著　者　　　櫻井 良明

発行者　　　澤井 聖一
発行所　　　株式会社エクスナレッジ
　　　　　　〒106-0032　東京都港区六本木7-2-26
　　　　　　https://www.xknowledge.co.jp/

● 問合せ先

編　集　　　前ページのFAX質問シートを参照してください。
販　売　　　TEL 03-3403-1321 ／ FAX 03-3403-1829 ／ info@xknowledge.co.jp